CATALOGUE

MÉTHODIQUE ET DESCRIPTIF

DES

VERTÉBRÉS FOSSILES

DÉCOUVERTS

DANS LE BASSIN HYDROGRAPHIQUE SUPÉRIEUR DE LA LOIRE,

ET SURTOUT DANS LA VALLÉE DE SON AFFLUENT PRINCIPAL, L'ALLIER,

PAR M. POMEL,

Membre de plusieurs Sociétés savantes.

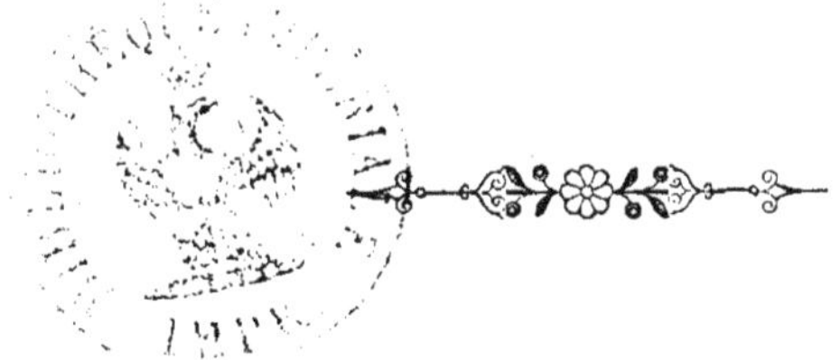

A PARIS,

CHEZ J.-B. BAILLIÈRE,

LIBRAIRE DE L'ACADÉMIE IMPÉRIALE DE MÉDECINE,

19, rue Hautefeuille.

A LONDRES, CHEZ H. BAILLIÈRE, 219, REGENT-STREET.

A NEW-YORK, CHEZ H. BAILLIÈRE, 290, BROADWAY.

A MADRID, CHEZ C. BAILLY-BAILLIÈRE, CALLE DEL PRINCIPE, 11.

—

1853.

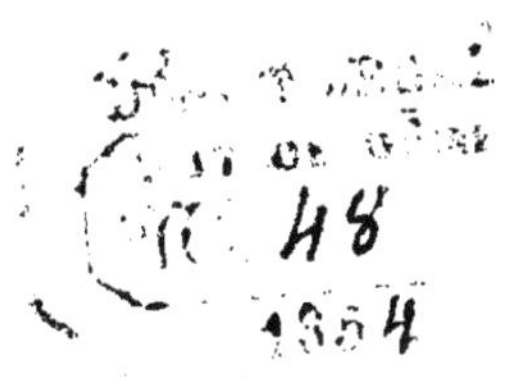

INTRODUCTION.

Les espèces qui habitent aujourd'hui la surface de notre globe, ne sont pas les seules qui aient été créées, et ne l'ont pas toujours habité depuis que la vie s'y est manifestée. D'autres les avaient précédées, qui n'étaient aussi venues qu'après de plus anciennes encore, pour y accomplir chacune à leur tour la révolution vitale dont la durée leur avait été assignée par le Créateur.

L'histoire de ces diverses manifestations de la vie sur la terre, de ces disparitions et apparitions successives dans des contrées différentes, et des rapports qui existent entre ces révolutions organiques et celles qui ont tant de fois agité la matière inerte de notre globe, est certainement devenue l'une des parties les plus importantes de la science naturelle. Elle est pour ainsi dire l'histoire ancienne elle-même de la terre; elle nous apprend que la création ne peut avoir été unique; que toutes les créations qui se sont succédées appartiennent au même plan général d'organisation, unique dans son ensemble, varié à l'infini dans ses détails; qu'à chaque période de stabilité géologique correspond un ensemble d'êtres organisés tout à fait spécial, dont nous ne pouvons bien encore concevoir les causes de destruction; que la génération actuelle, c'est-à-dire l'ensemble des espèces organisées de la dernière période que l'on peut appeler humaine, n'est que le dernier terme d'une série de modifications du principe vital, comme si le Créateur avait dû préparer notre planète à recevoir l'espèce pivotale de la création, l'homme, avec les espèces destinées à le servir directement en raison de leurs instincts plus ou moins domestiques.

Il y a un demi-siècle qu'un homme de génie, Cuvier, eut presque à créer une science pour arriver à jeter quelque lumière sur les affinités de certains de ces êtres des créations éteintes, et déjà sous l'action puissante de l'élan imprimé par les magnifiques découvertes auxquelles il arriva, l'histoire des fossiles, la paléontologie, a fait d'immenses progrès. La géologie, en utilisant les lois de répartition des espèces dans l'espace et dans le temps, s'est adjoint un puissant auxiliaire, qui lui a fait prendre un essor remarquable, en même temps qu'il poussait à recueillir partout, où elle était cultivée, tout ce qui pouvait donner des renseignements sur les animaux fossiles. Actuellement, le nombre des espèces connues n'est pas loin d'égaler celui des espèces vivantes dans certaines classes dont l'organisation, admettant plus d'éléments solides, a permis la conservation plus fréquente de leurs dépouilles.

L'Auvergne, cette vieille partie émergée du sol de la France, est une des contrées qui ont été le plus explorées sous ce rapport, et c'est une de celles qui ont fourni le plus de matériaux pour l'histoire des vertébrés fossiles. MM. Devèze, Bouillet, Bravard, Croizet, Jobert, E. Geoffroy-Saint-Hilaire, de Laizer, de Parieu, F. Robert, Aymard et Pomel, ont déjà publié un grand nombre d'observations paléontologiques qui sont éparses dans des ouvrages divers ou dans des journaux scientifiques. En réunissant tous ces éléments de nos anciennes faunes, on ne pourrait encore en faire un tableau exact, parce qu'il existe beaucoup de lacunes, et que les collections renferment beaucoup d'espèces encore inédites.

Il devenait urgent de présenter dans un même cadre toutes nos richesses paléontologiques, afin qu'on pût y saisir plus facilement les caractères des diverses faunes qui se sont succédées sur notre sol, et les comparer à celles des autres régions dont les terrains de différents âges ont aussi conservé des dépouilles de vertébrés fossiles. Nous avions eu le projet de publier une faune descriptive et iconographique du bassin supérieur hydrographique de la Loire avec ses affluents ; mais nous avons dû nous arrêter en présence des difficultés matérielles d'une pareille entreprise.

Le conspectus général que nous offrons aujourd'hui aux naturalistes, comprenant un simple catalogue indicatif des principaux caractères des genres éteints et des espèces, n'est donc en quelque sorte que le prodrome de cette publication, qui se trouve ainsi renvoyée à des temps meilleurs, et qui sera encore enrichie, nous n'en doutons pas, par les découvertes ultérieures, qui ne manqueront certes pas au zèle investigateur de nos paléontologistes.

Aux observations antérieures déjà publiées par les auteurs que nous venons de mentionner, nous avons ajouté celles qui nous sont entièrement personnelles et d'autres que nous avons pu faire dans les collections qui sont allées enrichir les Musées de Londres et de Paris, où nous avons pu les étudier à loisir, grâce à la libéralité scientifique de MM. Waterhouse et Laurillard, ce dont nous les prions d'accepter ici nos remercîments publics. Nous avons donc tout lieu d'espérer que ce travail est aussi complet que possible.

Les divers terrains où ont été recueillis un si grand nombre de dépouilles d'anciens êtres, sont aujourd'hui assez bien connus par les nombreux travaux auxquels ils ont donné lieu; nous ne ferons ici que les mentionner pour faciliter nos indications de gisements.

1°. Le terrain houiller du département de l'Allier nous a fourni quelques rares débris de poissons.

2°. Le grand dépôt lacustre de la Limagne et celui très-probablement contemporain des environs du Puy, qui nous paraissent appartenir à la partie inférieure des terrains tertiaires moyens, et être par conséquent supérieurs au terrain gypseux de Paris, au moins en grande partie, sont des plus riches que l'on connaisse en mammifères fossiles.

3°. Les schistes de Menat, dont nous inscrivons les poissons fossiles dans notre catalogue, paraissent se rapporter à l'étage inférieur des terrains pliocènes, en raison de leur flore si remarquable.

4°. Nous considérons comme pliocène récent le grand ossuaire de la montagne de Perrier, et il est probable que les gîtes de Cussac et localités voisines, signalés par M. F. Robert, lui sont contemporains.

5°. Les alluvions récentes, les attérissements, les brèches osseuses qui remplissent parfois les fentes de nos laves, et les cavernes ont encore une autre faune particulière, qui se laissera peut-être plus tard subdiviser en deux petites périodes, dont une serait encore de l'âge des derniers basaltes et se trouverait grandement représentée dans la Haute-Loire, où, nous devons le dire cependant, nos observations personnelles, bien peu importantes, ne nous permettent pas encore d'avoir des idées bien nettes sur la corrélation géologique des gisements ossifères.

CATALOGUE

DES

VERTÉBRÉS FOSSILES

DU BASSIN DE LA LOIRE & DE L'ALLIER (1).

CLASSE DES MAMMIFÈRES.

ORDRE DES CHÉIROPTÈRES.

FAMILLE DES ENTOMOPHAGES.

TRIBU DES PHYLLOSTOMES.

GENRE PALÆONYCTRIS. Nob.

Intermaxillaires dépourvus de branche montante. Ouverture du trou nasal, formée latéralement par les maxillaires, très-large et très-oblique. Très-probablement le museau était organisé comme chez les Rhinolophes. Incisives inconnues, 1/1 canines 6/6 molaires, dont 2/3 coniques à une seule pointe. Les mâchelières supérieures ont le talon basilaire du bord postérieur assez développé. L'apophyse coronoïde de la mandibule est peu éloignée du condyle

---

(1) Ce travail a été couronné par l'Académie des sciences, belles-lettres et arts de Clermont-Ferrand, dans la séance de novembre 1852. *(Note du rédacteur.)*

qui est sessile ; elle est plus élevée et plus triangulaire que dans les Rhinolophes.

1. PALÆONYCTRIS ROBUSTUS, Nob. Les dents de cette espèce sont plus petites que celles du grand fer à cheval; mais les mâchoires sont au moins aussi fortes. Les arrière-molaires inférieures ont le denticule basilaire postérieur très-petit. L'humérus est moins robuste que dans les Rhinolophes, et les tubérosités de sa tête inférieure sont très-peu saillantes. Le fémur n'a que les deux tiers de celui de l'espèce terme de comparaison, mais il est plus épais ; le tibia au contraire est sensiblement plus long mais plus du double épais.

Terrain tertiaire à Langy.

Observation. On connaît des terrains tertiaires quatre autres espèces de chéiroptères, l'une d'Angleterre, *Leucippe owenii*, Nob., a le talon basilaire inférieur des molaires supérieures très-saillant, et la dernière avant-molaire, celle que l'on prend ordinairement pour la première arrière-molaire est armée de trois denticules outre la pointe principale au bord externe, et de deux pointes au bord interne du talon. C'est probablement un sous-genre de *Vespertilio*. (Voy. Géol. journ., Lond.)

L'autre de Paris, *Vesperus parisiensis*, voisine de la Sérotine, est la première espèce découverte et signalée pour la première fois par G. Cuvier.

La troisième, *Pipistrellus noctuloïdes*, est voisine de la Noctule dont elle a la formule dentaire et a été découverte à Sansan.

La quatrième, *Vespertilio murinoïdes*, Lart., est aussi de Sansan.

O. DES INSECTIVORES.

F. DES SPALACOGALES.

T. DES GÉOTRYPES.

G. TALPA. L.

1. TALPA FOSSILIS, Nob. Humérus très-élargi dans sa tête supérieure, dépourvu de l'apophyse récurrente de l'épitrochlée. Os falciforme dilaté fortement près de l'extrémité carpienne et très-courbé l'autre bout.

Brèche osseuse de Coudes; alluvions de Neschers.

G. GÉOTRYPUS. Nob.

Il diffère du genre précédent par ses avant-molaires et ses caniniformes subulées aiguës, par son humérus plus long à apophyse trochantérienne plus isolée, placée comme dans celui des astromyctres.

1. GEOTRYPUS ANTIQUUS, Nob. (Syn. *Talpa antiqua, Talpa condyluroides, Talpa acutidentata,* Blainv.) Avant-molaires inférieures courtes, surtout la première. Humérus à apophyse trochantérienne plus inférieure.

Terrain tertiaire du Puy-de-Dôme. (Les Chaufours?) Coll. de Laizer.

2. GEOTRYPUS ACUTIDENS, Nob. Avant-molaires inférieures longues et saillantes, la première presque égale à la seconde; l'apophyse trochantérienne plus

rapprochée de la tête supérieure. Taille un peu inférieure à celle de l'espèce précédente et du *Talpa vulgaris*.

Terrain tertiaire à Cournon, aux Chaufours, près d'Issoire.

G. GALEOSPALAX. Nob.

Humérus beaucoup plus long que large, à apophyse trochantérienne peu saillante, à extrémités articulaires peu dilatées, du reste indiquant un animal de la tribu des Géotrypes.

1. GALEOSPALAX MYGALOÏDES, Nob. L'humérus, seul connu, a les deux tiers de la longueur de celui du *Geotrypus acutidens;* il est un peu plus court que celui du Desman des Pyrénées, mais beaucoup plus large et déprimé.

Terrain tertiaire à Marcouin près Volvic.

T. DES MYGALES.

G. MYGALE. G. Cuvier.

1. MYGALE NAYADUM, Pom. Humérus à apophyse trochantérienne plus saillante que chez le *M. pyrennaïca,* à crête deltoïdienne plus déprimée; de 1/8 inférieure en taille à l'espèce vivante.

Terrain tertiaire aux Chaufours, près d'Issoire.

G. PLESIOSOREX. Nob.

Une incisive inférieure terminale longue, aiguë et

proclive. Six petites dents intermédiaires à celle-ci et aux molaires vraies, dont les quatre premières uniradiculées, de forme inconnue, les deux autres biradiculées, coniques saillantes. Humérus très-robuste et élargi à la tête inférieure, à apophyse trochantérienne large, comprimée et saillante, à crête deltoïde en forme de lame pliée et dirigée en dedans. Queue longue.

1. PLESIOSOREX TALPOIDES, Nob. (Syn. *Erinaceus soricinoïdes*, Blain.; *Plesiosorex soricinoïdes*, Gerv.).

Animal à membres robustes, plus grand que le Desman des Pyrénées, et ayant eu probablement des habitudes semblables.

Terrain tertiaire à Cournon et aux Chaufours.

G. MYSARACHNE. Nob.

Une grande incisive terminale inférieure, suivie de cinq dents intermédiaires, dont les quatre premières sont presque semblables, peu saillantes, élargies à la base et assez semblables aux dents supérieures intermédiaires des musettes; la cinquième est conique, un peu plus saillante; molaires peu soulevées.

1. MYSARACHNE PICTETI, Nob. (Syn. *Sorex araneus*, Blain.) Espèce très-petite, de la taille du *Sorex vulgaris* tout au plus, sa mandibule est très-grêle.

Terrain tertiaire aux Chaufours.

G. SOREX. L.

1. SOREX *(Corsira)* ANTIQUUS, Nob. Un peu plus

petite que le *S. vulgaris*, cette espèce a le condyle de sa mandibule plus cylindrique ; l'apophyse coronoïde plus courte et non épaissie à son sommet. La seconde dent intermédiaire inférieure a un talon peu développé.

Terrain tertiaire à Langy, près St-Gerand-le-Puy.

2. SOREX *(Corsira)* AMBIGUUS, Nob. Très-voisine de la précédente par la taille et les formes, cette espèce en diffère par l'apophyse coronoïde de la mandibule plus étroite près du sommet, le condyle moins dilaté dans sa branche externe qui est plus courte.

Terrain tertiaire à Langy, près Saint-Gerand-le-Puy.

3. SOREX *(Corsira)* FOSSILIS, Nob. Voisine du *S. vulgaris;* les dentelures de son incisive inférieure sont plus séparées; les os des membres sont sensiblement plus grêles.

Terrain d'alluvion de Neschers, brèche de Coudes.

4. SOREX *(Corsira)* EXILIS, Nob. Cette espèce très-petite, paraît voisine du *S. pygmeus* autant par la forme de l'incisive inférieure que par la gracilité de l'os mandibulaire. Elle aurait besoin d'être étudiée sur des pièces plus complètes et plus nombreuses.

Brèche de Coudes.

G. MYOSICTIS. Nob.

1. MYOSICTIS *(Crossopus)* FODIENS? Pom. Elle dif-

fère de l'espèce vivante de ce nom par un peu plus de gracilité et l'apophyse coronoïde de la mandibule plus étroite ; elle n'est peut-être pas identique à celle-ci, mais est encore trop peu connue.

Brèche de Coudes.

G. MUSARANEUS. Nob.

1. MUSARANEUS *(Crocidura)* PRISCUS, Nob. Cette espèce diffère de la musette par son humérus dont la crête deltoïdienne descend jusqu'au milieu de sa longueur, tandis qu'elle ne dépasse pas le tiers supérieur dans l'espèce vivante.

Brèche de Coudes.

F. DES GALÉCHINES.

T. DES MYOSÉRICES.

G. ECHINOGALE. Nob.

Dents de la mâchoire inférieure en série continue, quatre avant-molaires biradiculées, triangulaires, coniques-comprimées, munies de talons ou denticules basilaires; une canine courte, tronquée au sommet, ne dépassant pas les autres dents ; deux incisives un peu proclives (peut-être une seule). Arrière-molaire inférieure n'ayant que deux pointes à la face interne.

1. ECHINOGALE LAURILLARDI, Nob. Espèce de la taille du *Sorexglis tana ;* la quatrième avant-molaire a son denticule antérieur au milieu de la hauteur, et

est sensiblement plus saillante que la première arrière-molaire. L'os mandibulaire est assez robuste, semblable à celui du gymnure, si ce n'est dans l'apophyse coronoïde plus étroite, aiguë et en crochet.

Terrain tertiaire à Perrier.

2. ECHINOGALE GRACILIS, Nob. Mandibule plus grêle, à condyle plus élevé; quatrième avant-molaire moins soulevée, ne dépassant pas la première arrière-molaire et ayant le denticule antérieur plus près de la base. Taille du *Sorexglis javanicus.*

Terrain tertiaire à Antoing, près d'Issoire.

G. ERINACEUS. L.

1. ERINACEUS MAJOR, Pom. Plus grand que l'*E. europæus* d'un bon quart et plus trapu.

Terrain diluvien aux Peyrolles, près d'Issoire.

2. ERINACEUS ARVERNENSIS, Blainv. (Syn. *Amphechinus arvernensis,* Aym.) Espèce plus petite que l'*E. europæus,* ayant son incisive inférieure plus saillante, les seconde et troisième arrière-molaires supérieures sensiblement plus petites.

Terrain tertiaire à Cournon et aux Chaufours.

3. ERINACEUS *(Tetracus)* NANUS, Aym. Espèce moitié grande comme la vivante de notre région, ayant la dernière molaire inférieure pourvue de quatre pointes au lieu de trois; avant-molaires peut-être plus nombreuses.

Terrain tertiaire à Ronzon, près le Puy.

O. DES RONGEURS.

F. DES SCIURIDÉS.

T. DES SCIURINS.

G. SCIURUS. L.

1. SCIURUS *(Palæosciurus)* FEIGNOUXI, Nob. Cette espèce d'un quart plus petite que l'écureuil ordinaire, et un peu plus trapue, pourrait former avec la suivante un sous-genre ou plutôt une section se rapprochant des *Tamias,* en ce que le profil du crâne est peu convexe surtout sur les frontaux, qui sont presque plats et pourvus de très-petitesa pophyses postorbitaires. Les molaires ont la couronne plus déprimée ; la première inférieure est comparativement plus petite. Dans cette première espèce, la tête est plus large dans toutes ses parties, le tubercule du trou sous-orbitaire est isolé de celui-ci, et situé entre lui et la première molaire. Un peu plus grande que le *Tamia* à bandes.

Terrain tertiaire à Langy, près St-Gerand-le-Puy.

2. SCIURUS *(Palæosciurus)* CHALANIATI, Nob. Espèce n'ayant qu'un peu plus de moitié de la taille de la précédente et plus petite que le *Tamia,* à membres plus grêles, dont le crâne est moins élargi, vers les frontaux surtout qui sont transversalement convexes. Les crêtes ptérygoïdes externes sont plus développées, les caisses plus rapprochées que dans l'écureuil ordinaire.

Terrain tertiaire à Langy, près St-Gerand-le-Puy.

Obs. Nous signalerons ici une troisième espèce, SCIURUS ARCTOMYNUS, Nob., qui paraît devoir entrer dans le même sous-genre, mais dont les molaires ont une couronne encore plus déprimée et qui devait égaler la marmotte en grandeur; cette espèce est des terrains tertiaires de Péréal, près d'Apt (Vaucluse).

3. SCIURUS AMBIGUUS, Nob. Espèce d'un tiers au moins plus petite que l'écureuil, connue par un seul frontal moins dilaté sur les orbites que dans le vivant.

Dans les fentes de la lave à Aubière.

G. SPERMOPHILUS. F. Cuv.

1. SPERMOPHILUS SUPERCILIOSUS, Kaup. ou du moins espèce très-voisine, que nous n'avons pu comparer assez parfaitement pour affirmer l'identité spécifique.

Terrain alluvien de Paix, près d'Issoire, Neschers; brèche de Coudes. Observé aussi aux environs de Paris, dans les terrains analogues.

G. ARCTOMYS. L.

1. ARCTOMYS LECOQ, Nob. Espèce de la taille du *Marmota,* dont elle diffère par son crâne plus large entre les orbites, moins convexe au-dessus dans la partie postérieure du profil, moins rétréci derrière les orbites. Le lacrymal est bien plus grand en dehors de l'orbite. Les crêtes ptérygoïdes sont plus courtes, plus convergentes en arrière; le trou postérieur du canal vidien est plus rapproché du palais; celui-ci se rétrécit beaucoup plus en arrière; les trous incisifs sont

bien plus étroits et plus courts; la dernière molaire supérieure a son talon un peu plus saillant en arrière.

L'*Arctomys primigenia*, Kaup. en diffère par la ligne supérieure du profil bien plus convexe, ses frontaux beaucoup plus élargis sur les orbites et ayant leurs apophyses postorbitaires beaucoup plus épaisses et saillantes, le lacrymal petit, le jugal plus épais en avant, les apophyses ptérygoïdes plus allongées. Elle est du *diluvium* de la vallée du Rhin, près Darmstadt.

L'*Arctomys gastaldi*, Nob. en diffère un peu moins; mais les frontaux y sont encore plus larges sur l'orbite, les trous incisifs plus larges échancrant davantage le maxillaire, le palais moins rétréci en arrière, le canal des arrière-narines bien plus étroit; cette espèce diffère du *Primigenia* par son profil presque droit à partir des frontaux, courbé seulement sur les os nasaux, et par la brièveté de ses apophyses postorbitaires des frontaux. Elle est du *diluvium* des Appennins en Piémont.

L'*Arctomys fischeri*, Nob., des cavernes de l'Altaï, en diffère aussi par le très-fort rétrécissement postorbitaire du crâne, la plus grande longueur proportionnelle de la partie céphalique, la force des apophyses postorbitaires des frontaux, et la profondeur de l'échancrure surorbitaire; elle est plus voisine du *Bobac*. L'*Arctomys Lecoq* est du terrain d'attérissement à Champeix, Chatelperioux, et des fentes à ossements de la lave à Aubière et Beaumont.

2. ARCTOMYS ANTIQUA, Nob. Espèce presque de la taille de la précédente et du *Marmota*, caractérisée par ses molaires inférieures qui ont une petite pointe, ou tubercule, entre les convexités de leur face externe comme dans le *Sciurus vulgaris*.

Terrain pliocène d'alluvion ponceuse à Perrier.

T. DES CASTORINS.

G. CASTOR. L.

1. CASTOR FIBER? L. Nous n'avons pu voir les pièces sur lesquelles repose la détermination de cette espèce qui ressemblerait au castor des tourbières de Cuvier.

Terrain alluvien aux environs de Clermont.

2. CASTOR ISSIODORENSIS, Croiz. Nous n'avons vu de cette espèce que des molaires isolées peu différentes de celles du castor. Les sillons émailleux de la couronne sont plus égaux entre eux.

Terrain pliocène d'alluvion ponceuse à Perrier.

G. STENEOFIBER. E. Geoff.

Molaires ayant leur fût moins allongé que dans e genre précédent et par conséquent les racines plus développées, les supérieures ont un sillon interne très-profond, un externe disparaissant de bonne heure par la détrition et se changeant en fossette linéaire à la couronne. Celle-ci montre, en outre, une fossette pp osée au sillon interne, une seconde près du bord postérieur du côté externe, avec une troisième très-petite et ronde devant l'intervalle de celle-ci et de l'extrémité du sillon externe, ou de sa fossette lorsqu'elle est fermée. La dernière molaire est très-petite et ne conserve souvent que le sillon externe devenu postérieur, et trois ou quatre petites fossettes irrégulièrement placées. Les molaires inférieures sont semblables aux supérieures, avec cette différence habituelle qu'elles sont comme retournées, le bord externe devenant interne et l'antérieur postérieur. Le sillon interne est plus persistant, l'externe moins profond, et les extrémités de leurs plis sont opposées et non alternes. La cinquième petite fossette peu persistante est à l'angle antérieur interne. Le crâne a les os nasaux très-dilatés, le frontal très-rétréci entre les orbites comme dans le rat d'eau.

1. STENEOFIBER ESCHERI, Nob. (Syn. *Steneofiber castorinus*, Nob. *olim; Chalichomys escheri*, H. Von Meyer; *Castor viciacencis*, P. Gerv.) Espèce ayant dans toutes ses parties la moitié des dimensions du *castor*, mais les os des membres un peu moins robustes à proportion.

Terrain tertiaire à Langy, aux Chaufours, aux environs de Mayence.

Obs. La tribu des *castorins*, aujourd'hui réduite à une ou deux espèces, a perdu beaucoup de formes génériques importantes :

Les *Chalichomys*, Kaup., ont le fût des molaires

court comme les steneofiber; mais les supérieures n'ont qu'une fossette et trois sillons pénétrants, deux externes, un interne; les inférieures n'ont pas de fossettes mais des sillons pénétrants, un externe, trois internes; la première a le second sillon de ce côté très-oblique en arrière.

Des terrains tertiaires du Rhin.

Les *Trogontherium*, Fisch., ont les molaires supérieures presque triangulaires par disparition de l'angle postérieur interne. Il n'y a qu'un sillon pénétrant interne opposé à une première fossette en croissant obtus. Une seconde fossette occupe presque toute la largeur de la couronne, et une troisième plus ou moins ovale l'angle postérieur; la quatrième dent a une fossette linéaire transversale de plus et même encore une autre postérieure petite par dédoublement de la troisième des précédentes; aussi cette dent est-elle très-longue. On a rapporté à ce genre des mandibules où la première molaire très-grande a quatre fossettes linéaires transversales; la seconde, touchant au bord interne est le reste d'un sillon de cette face; la troisième touche au contraire le bord externe où la trace du sillon est encore plus évidente. Les autres dents sont rondes et n'ont que deux fossettes correspondant à la seconde et à la troisième de la dent précédente. Ce genre est des terrains diluviens anciens; on l'a trouvé en Russie (en Belgique et en Angleterre?).

Les *Castoroïdes*, Wim., ont aussi une lame de

plus à leur dernière molaire supérieure. Ces dents sont composées des lames transversales, au nombre de trois pour les trois premières et de quatre pour les dernières, qui semblent résulter de la division d'une lame pliée de manière à former sur la coupe un S, dont l'extrémité supérieure est à l'angle antérieur interne, et l'inférieure à l'angle postérieur externe. L'intervalle paraît rempli de cément.

L'espèce type, deux fois grande comme le castor, est des terrains de *diluvium* de l'Amérique du nord.

Les *Castoromys*, Nob., ont les molaires inférieures en ∽, dont une extrémité se trouverait du côté interne en avant, et l'autre du côté externe en arrière. La première a en outre une petite fossette ronde près du bord antérieur.

Les supérieures ressemblent un peu à celles des *Steneofiber* ayant un sillon interne peu pénétrant et trois fossettes linéaires transversales, atteignant toutes trois le bord interne où elles correspondent à des sillons pénétrants, dans la dent jeune au moins.

Le *Castoromys sigmodus (Castor*, Gerv.) est du terrain pliocène du midi de la France.

Les *Steneofiber*, que l'on a confondus avec les *Chalichomys*, sont donc bien distincts de ceux-ci et des *Castoromys*, plus encore des *Trogontherium* et *Castoroïdes*.

Une seconde espèce de Sansan, *S. larteti (Myo-*

potamus, Lart.), diffère de la nôtre par la petitesse de la fossette médiane aux dents inférieures et de la postérieure à celles d'en haut.

Une troisième de la taille du castor, *S. nouletii*, Nob., et rapportée par M. Lartet à ce genre vivant, avait le lobe antérieur de la première molaire d'en bas plus allongé, creusé d'une fossette plus courbée en croissant. Celle-ci est du bassin de la Gironde, dans les terrains tertiaires comme la précédente.

Nous en avons peut-être une quatrième espèce un peu plus robuste que l'*Escheri*, mais du reste semblable dans ce que nous en connaissons. Elle est des mêmes lieux (Langy).

F. DES MURIDÉS.

T. DES MYOXINS.

G. MYOXUS. Gm.

1. MYOXUS MURINUS, Nob. Espèce un peu plus petite (de 1|3 à peu près) que le *Myoxus nitella*. Le crâne est plat et large au frontal. Les molaires ont une forme de couronne plus compliquée que celle du lérot, auxquelles elles ressemblent le plus. Le *Myoxus cuvieri* des Platrières de Paris ressemble plutôt au loir, et le *Myoxus sansaniensis* de Lartet a aussi des affinités avec ces deux dernières espèces bien plus qu'avec les autres.

Terrain tertiaire à Langy.

2. MYOXUS NITELLA L. ou espèce très-voisine, peu connue.

Brèche de Coudes.

T. DES ARVICOLES.

G. ARVICOLA. Lacep.

1. ARVICOLA ANTIQUUS, Nob. Espèce de la section *Hemiotomys* se rapprochant beaucoup de l'*Arv. monticola* par la forme du frontal dont les crêtes sourcilières se touchent sans se confondre complétement; mais elle en diffère par le trou incisif qui se contracte moins en arrière et est un peu plus grand; par les os nasaux moins plats, les fossettes derrière le palais plus grandes, le trou postérieur des narines plus étroit. Elle diffère de l'espèce des brèches de la région méditerranéenne par une taille plus forte, le trou incisif plus petit, la première molaire inférieure dont le premier prisme est arrondi ; c'était une espèce du type des *Schermaus*, c'est-à-dire s'éloignant beaucoup plus du bord des eaux que les rats d'eau, et peut-être tout-à-fait terrestre comme le *Monticola* d'Auvergne.

*Brèche de Coudes (très-abondant) ; alluvion de Neschers ; terrain d'attérissement superficiel à Langy. Environs de Paris, où il a été pris pour l'*Arv. amphibius; *caverne de Brengues pour l'*A. terrestris.

2. ARVICOLA ROBUSTUS, Nob. Autre espèce de la même section encore peu connue et différant des autres espèces par la force de l'os mandibulaire et la forme presque triangulaire du premier prisme de la molaire inférieure. Elle est un peu plus grande que le rat d'eau de Buffon.

Terrain pliocène d'alluvion ponceuse à Perrier.

3. ARVICOLA DELARBREI, Nob. Espèce ayant comme le *Glareolus*, le même nombre de prismes à la première molaire inférieure que les espèces de la section *Hemiotomys*, c'est-à-dire quatre arêtes en dehors et cinq en dedans ; mais elle est plus grande que le *Glareolus* et montre d'autres différences de détail dans les plis des molaires.

Brèche de Coudes.

4. ARVICOLA ARVALOIDES. Nob. Espèce un peu plus grande que l'*A. arvalis*, avec lequel on l'a confondu, mais en différant par ses nasaux plus larges, par le frontal moins étroit entre les orbites, et de forme différente ; le trou incisif est moins long que dans le *Neglectus*, et les molaires en sont autrement conformées.

Terrain alluvien de Neschers ; brèche de Coudes, et probablement beaucoup d'autres localités de France. Cependant celui d'Auvers, près Paris, se rapproche davantage du Neglectus *dont il diffère aussi.*

5. ARVICOLA JOBERTI, Nob. Espèce de la taille du *Neglectus*, dont elle se rapproche par l'arète simple du frontal, mais dont elle diffère par la plus grande étroitesse de ce frontal, la courbure moins grande de ses incisives supérieures et par la saillie que fait le bord supérieur de l'intermaxillaire touchant à l'os du nez.

Brèche de Coudes.

6. ARVICOLA . . .? Espèce de la forme de l'*Arvalis*, mais que nous n'avons pu comparer, l'unique mandibule que nous ayons possédée ayant été détruite par accident.

Terrain pliocène d'alluvion ponceuse à Perrier, (creux de traverse).

7. ARVICOLA *(Myolemmus)* AMBIGUUS, Nob. Espèce remarquable par plusieurs caractères qui l'éloignent du commun des autres espèces. Son incisive inférieure est très-comprimée, et ne dépasse pas en arrière la dernière molaire, dont le fond de l'alvéole est en dehors de celle de l'incisive au lieu d'être en dedans, comme dans les autres espèces chez lesquelles l'alvéole de l'incisive pénètre plus ou moins haut dans la branche montante. La première molaire inférieure a six arêtes sur chaque face, et non quatre ou cinq en dehors seulement comme chez les campagnols ou les rats d'eau. Nous lui rapportons une tête également très-étroite, à trou incisif assez grand et allongé, à frontal étroit entre les orbites, et marqué

d'une arête au milieu ; les arcades zygomatiques sont assez robustes. La taille est intermédiaire à celles du *Neglectus* et du *Schermaus*.

Brèche de Coudes.

Obs. Les espèces vivantes de campagnols, qui habitent aujourd'hui le plateau central de la France sont :

SECTION HEMIOTOMYS.

1. ARV. AQUATICUS. (*Mus aquaticus*, Briss.), le rat d'eau de Buffon, très-probablement l'*A. musignani* de Sélys ; l'*A. amphibius*, L., n'étant qu'un *Terrestris*, à qui Ray donnait des pieds palmés. L'*A. amphibius* de Sélys est ce même *Terrestris* qu'il faut se garder de confondre en synonymie avec le *Schermaus* de Suisse, qui reste à nommer : ces deux espèces sont, du reste, étrangères à la région qui nous occupe.

2. ARV. MONTICOLA de Sélys, habitant les prairies plus ou moins sèches des montagnes, et descendant très-rarement dans la plaine. Il a été observé pour la première fois dans notre pays par M. de Chalaniat.

Tous les *Hemiotomys* ont sur les flancs une glande de dimension variable suivant les espèces.

S. ARVICOLA.

3. ARV. NEGLECTUS, Thomp. Habitant les prairies de la plaine.

4. ARV. ARVALIS, L., ou plutôt le *Bailloni* de Sélys, d'après ce que vient de m'écrire cet auteur. Il se trouve dans les champs de la plaine ; le *Bailloni* habite, au contraire, les Alpes.

S. MICROTUS.

5. ARV. LEUCURUS, Gerbes ; déterminé par M. de Sélys d'après des individus pris par M. de Chalaniat, qui leur

avait imposé un autre nom, ignorant la publication de M. Gerbes. D'après M. de Sélys, cette espèce n'est peut-être pas bien distincte de l'*A. nivalis;* chez nous, en effet, elle habite les hautes montagnes.

6. ARV. SUBTERRANEUS de Sélys, commun dans les prairies et les champs de la plaine.

7. ARV. PYRENAÏCUS de Sélys, ou espèce très-voisine, bien distincte du reste de la précédente, et habitant les mêmes lieux que le *Monticola*.

Il est peu probable que le nombre soit augmenté, surtout pour le département du Puy-de-Dôme, où nous avons fait, avec M. de Chalaniat, de nombreuses recherches sur ces petits mammifères.

Outre ces espèces, nous avons eu, pour comparer avec nos fossiles, les squelettes des suivantes, reçues de M. de Sélys par M. de Chalaniat :

Arv. terrestris, L., de Belgique, dont le *Schermaus* d'Hermann n'est, sans doute, que le jeune.

Arv..... schermaus de Suisse, nommé à tort *terrestris* par les auteurs.

Arv. monticola de Sélys, des Pyrénées.

Arv. neglectus, Thomp., des Pyrénées.

Arv. arvalis, L., de Belgique.

Arv. pyrenaïcus de Sélys, des Pyrénées.

Arv. incertus de Sélys, du midi de la France.

Arv. subterraneus de Sélys, de Belgique.

Arv. glareolus de Sélys, de Belgique.

Parmi nos fossiles, les deux premières espèces sont des *Hémiotomys*, les autres de vrais *Arvicoles*, excepté la dernière, qui devra probablement constituer un sous-genre particulier. Les *Microtus* ne nous ont pas paru y être représentés.

T. DES MURINS.

G. **MUS** L.

1. MUS SYLVATICUS, L. A peu près de la taille des forts individus de cette espèce, mais encore trop peu connue pour être caractérisée.

Brèche de Coudes.

G. **MYARION**. Nob.

Première molaire supérieure triangulaire, ayant cinq tubercules subégaux à la couronne, le premier impair, les autres rapprochés par paire; la seconde, carrée, en a quatre en deux paires; la troisième, presque ronde, en a trois, le postérieur impair étant plus ou moins transversal. Ces tubercules sont lisses, obtus, simples, adossés et comme réunis par paires en collines transversales bimamelonnées. Les intérieurs ont une petite arête partant du sommet et allant à la base du tubercule externe de la paire antérieure. Les inférieures ressemblent aux supérieures, mais la première n'a que quatre tubercules; les mamelons de la rangée externe sont dilatés obliquement en arrière, de manière à paraître embrasser les externes à peu près comme les croissants des dents de chœropotame. La mandibule n'indique pas l'existence d'abajoues. L'humérus a un trou condylien.

Genre voisin des *Hesperomys* ou rats d'Amérique,

probablement le même que M. Aymard a nommé micromys (nom déjà employé).

1. MYARION ANTIQUUM, Nob. Espèce d'un bon tiers plus grande que le *Mus sylvaticus*, à molaires assez épaisses relativement aux mâchoires osseuses.

Terrain tertiaire à Langy, Cournon, Chaufours, le Puy.

2. MYARION MUSCULOIDES, Nob. Espèce un peu plus grande que la souris *(Mus musculus)* à molaires supérieures un peu moins épaisses, la première étant moins régulièrement triangulaire.

Terrain tertiaire à Cournon.

3. MYARION MINUTUM, Nob. A peine de la taille du *Mus musculus ;* cette espèce a ses molaires assez épaisses et la troisième inférieure pourvue de trois tubercules seulement, le postérieur n'étant pas divisé comme chez la suivante.

Terrain tertiaire aux Chaufours (au Puy?).

4. MYARION ANGUSTIDENS, Nob. De la taille de la précédente ; cette espèce a les molaires moins épaisses, la dernière plus longue et presque à quatre pointes, le tubercule postérieur étant flanqué d'un petit mamelon.

Terrain tertiaire aux Chaufours.

G. CRICETUS. G. Cuv.

1. CRICETUS MUSCULUS, Nob. Espèce de la taille à

peu près d'une grande souris, bien caractérisée dans son genre par les molaires supérieures et inférieures et par le trou du condyle interne à l'humérus ; les os des membres sont à peu près dans les proportions de ceux des petits campagnols.

Brèche de Coudes.

F. DES HYSTRICIDÉS.

T. DES HYSTRICINS.

G. HYSTRIX. L.

1. HYSTRIX...? Croiz. D'après quelques dents isolées que M. Bravard avait au contraire attribuées au genre *Dasyprocta.*

Terrain pliocène d'alluvion ponceuse à Perrier.

T. DES PROTOMYENS.

Caractérisée par un grand trou sous-orbitaire, comme dans tous les hystricidés, et par la position de l'apophyse angulaire de la mandibule presque dans le plan général de la branche horizontale. Le jugal, au moins dans ceux où nous l'avons observé, est très-élargi dans sa partie antérieure, et l'orbite presque supérieur.

G. THERIDOMYS. Jourdan.

4/4 molaires à couronne non prismatique, toujours radiculée, plus ou moins carrée à la surface triturante; les supérieures ont un sillon interne très-pénétrant, dont l'extrémité alterne avec deux sillons émailleux transversaux de la surface triturante, qui partent du bord externe où ils correspondent, surtout le second, à une échancrure non persistante; un troisième sillon s'étend du bord externe dans l'angle postérieur du bord interne. Il y a encore dans quelques espèces une très-petite fossette d'émail près de l'angle postérieur externe. Les molaires inférieures ressemblent aux supérieures renversées; le sillon externe pénétrant s'y dirige en arrière, et le médian des trois internes correspond à un sillon de cette face plus persistant. La première molaire inférieure est toujours plus oblongue que les autres par allongement de sa partie antérieure.

La tête est courte surtout dans la face, très-élargie et presque globuleuse; le trou sous-orbitaire presque ovale regarde entièrement en avant; l'arcade zygomatique courte, mais très-saillante en dehors, a son bord inférieur au niveau du palais et s'élargit en une lance très-élevée en avant, un peu comme dans les cavia, excepté que le jugal remonte plus haut le long du maxillaire et rétrécit la cavité orbitaire. L'apophyse malaire du maxillaire est inférieurement très-robuste et creusée d'une forte impression musculaire. Les trous incisifs sont très-petits.

1er SOUS-GENRE THERIDOMYS. Jourd.

Les molaires ont toutes un petit cornet d'émail arrondi, situé à l'angle postérieur externe aux dents supérieures, et à l'angle antérieur interne à la mandibule; aux supérieures le troisième sillon d'émail est le double long comme les deux qui le précèdent, et aux inférieures la partie pénétrante du repli d'émail interne, bien plus courte que les sillons émailleux de la couronne, est sensiblement moins profonde que l'externe.

1. THERIDOMYS BREVICEPS, Jourd. (Syn. *Echimys breviceps*, Laiz. et Par. *Theridomys breviceps partim auct.*) Espèce très-robuste dont la tête était longue de 0,050 environ et large de 0,030 d'une arcade à l'autre.

Terrain tertiaire à Perrier, Antoingt et St-Yvoine.

Obs. Nous n'avons pu examiner les pièces des calcaires du Cantal; mais l'espèce du Puy est différente. Nous n'avons encore observé ce fossile qu'aux environs d'Issoire, rive gauche de l'Allier, où il est assez commun et pour ainsi dire même le seul rongeur des calcaires.

2. THERIDOMYS DUBIUS, Nob. De taille un peu supérieure au précédent, remarquable par la grosseur de son incisive inférieure et la plus grande épaisseur des molaires.

Terrain tertiaire à Saint-Yvoine. (Collection Croizet à Londres).

2me S.-G. ISOPTYCHUS. Nob.

Molaires supérieures ayant les trois sillons émailleux, qui partent du bord externe, peu différents en longueur. Aux inférieures le sillon interne médian est au moins aussi profond que l'externe, et à peine plus court que les cornets antérieurs et postérieurs, qui en général sont plus ouverts, moins linéaires. Il n'y a pas de petite fossette en avant aux dents inférieures, et à sa place, aux supérieures, on n'observe qu'une petite échancrure sur les dents non usées.

1. ISOPTYCHUS JOURDANI, Nob. Cette espèce, confondue par MM. Jourdan, Aymard et Blainville avec le *Theridomys*, est à peu près de même taille, mais sensiblement moins robuste. La première molaire inférieure a son lobe antérieur très-allongé, tronqué en avant; les sillons externes des autres molaires du même côté sont larges et peu profonds.

Terrain tertiaire au Puy.

2. ISOPTYCHUS VASSONI, Nob. Espèce un peu plus petite, à molaires moins épaisses. La première inférieure a son lobe antérieur presque carré, émarginé à la couronne par un sillon vertical du bord antérieur. Les échancrures de la face externe sont peu ouvertes et les arêtes de cette même face assez aiguës.

Terrain tertiaire à la Sauvetat.

3. ISOPTYCHUS AQUATILIS, Aym. (*Theridomys*). Cette espèce nous est inconnue.

Terrain tertiaire au Puy.

Nota. Nous connaissons encore plusieurs espèces de ce sous-genre.

4. L'ISOPTYCHUS CUVIERI, Nob., est le second loir des plâtrières, de G. Cuvier.

5. L'ISOPTYCHUS AUBERY, Nob., est voisin du *Jourdani* dont il diffère par le moindre développement du lobe antérieur de la première molaire inférieure et de l'échancrure externe des autres dents de la même mâchoire, dont les arêtes sont plus obtuses et moins séparées.

Terrain tertiaire à Péréal (Vaucluse).

6. ISOPTYCHUS ANTIQUUS, Nob. Espèce de la même taille que les précédentes, caractérisée par la largeur de ses molaires ou plutôt par leur raccourcissement antéro-postérieur qui rapproche davantage les sillons émailleux de la couronne.

Terrain tertiaire de Péréal (Vaucluse).

Obs. Il existe encore une autre espèce dont nous avons vu quelques dents isolées dans le gisement de Sansan.

G. TŒNIODUS. Nob.

Molaires comme formées de trois bandelettes, dont deux obliquement courbées et concentriques à la troisième beaucoup plus courte. Un sillon interne enfonce son repli d'émail parallèlement au bord antérieur, presque jusqu'au bord externe, y laissant encore assez de place pour une petite fossette arrondie, au-devant de laquelle en est une autre ovale, isolant ainsi une bandelette très-étroite. Un sillon émailleux de la surface triturante, isole une seconde bande arquée, parallèle à la première, dont l'extrémité interne forme l'angle postérieur de la dent; et vers l'angle opposé du même côté, est une fossette étroite ovale, qui forme une troisième bande circulaire. Les inférieures ressemblent aux supérieures renversées, avec la différence que le repli externe d'émail atteint tout à fait le bord opposé, et qu'il a au-devant de lui une fossette courte et étroite.

La tête paraît avoir été peu différente de celle des theridomys.

1. TOENIODUS CURVISTRIATUS, Nob. (Syn. *Echimys curvistriatus*, Laiz. et Par.) Espèce d'un tiers plus petite que le *Theridomys breviceps*, ayant l'apophyse angulaire de la mandibule plus élargie, moins profondément échancrée.

Terrain tertiaire à la Sauvetat.

G. OMEGODUS. Nob.

Quatre molaires subégales. Les inférieures, seules connues ont un repli d'émail peu profond à la face externe, un second à la face interne plus pénétrant et se bifurquant, de manière à figurer un ω à la couronne. Il y a en outre un petit pli aux faces antérieure et postérieure, isolant à la couronne un petit lobule dirigé en dedans; la première n'a qu'un de ces lobules en arrière, et la dernière un en avant.

Ce genre est peut-être plus voisin des *Echimys* que les précédents.

1. OMEGODUS ECHIMYOIDES, Nob. Espèce à peine de la taille du *Muscardin*, paraissant avoir été peu robuste.

Terrain tertiaire aux Chaufours.

T. DES CHINCHILLINS.

G. **ARCHŒOMYS.** Laiz. et Par.

4/4 molaires. Les supérieures montrant à la couronne trois bandelettes de dentine, étroites, parallèles, curvilignes, concentriques à un disque de même substance, arrondi ou triangulaire, situé à l'angle postérieur externe. La couronne est à peu près triangulaire, montrant à la face interne un sillon étroit, correspondant à un pli d'émail. Ces bandelettes sont séparées et limitées par quatre lignes saillantes d'émail, elles correspondent dans le jeune âge a autant d'arêtes saillantes à la couronne et dont l'émail du côté postérieur est très-mince et se confond avec celui de l'arête voisine, lorsque la trituration à détruit le sommet. Les dents inférieures plus larges n'ont que trois bandes de dentine, moins courbées, plus onduleuses surtout à la première, et subconcentriques à l'angle antérieur interne; dans les trois dernières, la bande antérieure est plus petite et triangulaire allongée. Le sillon de la face externe est peu étendu et finit par disparaître à un certain degré d'usure.

La tête est moins allongée que dans les *Chinchillins* vivants, et presque aussi courte que dans certains *Theridomys ;* en sorte que nous doutons un peu de la place de ce genre, qui a du reste dans sa dentition de grandes ressemblances avec le genre *Lagidium*, dont il diffère par plus de courbure des bandes de dentine et la présence du disque postérieur externe aux molaires supérieures.

1. ARCHOEOMYS ARVERNENSIS, Laiz., Par. et Pictet. (*A. chinchilloides*, Gerv.) Le crâne est long de 0,05 au moins ; le bord postérieur du maxillaire en occupe le milieu ; la partie située en avant des molaires ne forme que le 1/5 de la longueur totale ; la barre est donc assez courte.

Terrain tertiaire à Vaumas (Allier), Cournon, Chaufours, Langy.

T. DES CAVIENS.

G. **PALANŒMA**. Nob.

4/4 molaires toutes formées de deux prismes seulement, par où elles diffèrent de celles des *Kerodon* et des *Dolichotis*, dont la première inférieure, et en outre la dernière supérieure dans le second genre, ont un prisme de plus que les autres. La face interne des supérieures est marquée d'un repli d'émail allant presque rejoindre le bord opposé qui est un peu arrondi ; il en résulte deux prismes accolés dont l'angle interne est obtus arrondi, et la face antérieure convexe. Les inférieures sont semblables, mais retournées, leur face interne est marquée d'une dépression longitudinale ; les prismes plus comprimés d'avant en arrière ont leur arête externe plus aiguë. Le prisme antérieur de la première est plus étroit transversalement, plus long au contraire dans le sens opposé et moins triangulaire.

L'échancrure du palais en arrière et les fosses ptérigoïdiennes sont comme dans les *Cavia*, la branche montante de la mandibule est peu élevée au-dessus de la ligne des molaires et assez fortement projetée en arrière ; l'apophyse coronoïde est courte ; la face externe de l'os a l'arête en forme de lame saillante des *Cavia*, mais un peu moins développée. Il n'est pas douteux que ce ne soit un genre de la même famille quoi qu'on en ait dit ; excepté pour les molaires supérieures, il n'y a aucune analogie avec les *Pedetes*. On a signalé aussi cet animal sous le nom d'*Issiodoromys*, Croiz., par erreur ; car il n'a pas encore été trouvé aux environs d'Issoire, et autant que nous pouvons nous le rappeler, c'est sous celui de *Cournomys* qu'il figure dans le catalogue manuscrit de M. Croizet. Du reste, ce nom manuscrit est trop vicieux pour être accepté.

1. PALANOEMA ANTIQUUS, Nob. (Syn. *Issiodoromys pseudanœma,* Gerv., *errore)*. Espèce à membres plus grêles à proportion que dans le cochon d'Inde, dont elle n'a guère plus que la moitié de la taille.

Terrain tertiaire entre Cournon et Pérignat.

F. DES LÉPORIDES.

G. LAGODUS. Nob.

Mâchoire inférieure n'ayant que quatre molaires par absence de la dernière. Première tétragone divisée par deux sillons en deux cylindres comprimés, dont l'antérieur est plus petit que le postérieur; les autres molaires formées également de deux lames accolées, dont l'antérieure plus saillante est aussi un peu plus large et la seconde a en arrière un petit pli d'émail partant de l'angle interne surtout évident à la dernière molaire et s'effaçant assez tard par la détrition. Ces cylindres sont moins comprimés d'avant en arrière que chez les *Lagomys,* et leur disque de détrition est ovale oblong, brusquement atténué en angle du côté externe, arrondi vers l'interne. En haut il paraît y avoir eu cinq molaires; la seconde est plus étroite que chez les *Lagomys* et pour ainsi dire réduite à une seule lame marquée en travers de deux plis d'émail, de manière à figurer presque trois croissants concentriques; les trois autres ont deux lames dont la première est simple, et la seconde pourvue des deux replis d'émail de la dent qui précède, excepté à la cinquième dent où elle est plus petite, au contraire de ce qui existe chez les *Lagomys*, où cette dent a deux sillons à la face interne ; la première dent devait être très-petite et peut-être caduque d'assez bonne heure. Le palais est semblable à celui des *Lagomys*. La partie zygomatique du maxillaire ne porte pas d'apophyse, ni même de crête à la face externe comme dans les deux genres vivants ; mais elle forme un pédicelle très-épais.

1. LAGODUS PICOIDES, Nob. Espèce à peine plus forte que le *Lagomys pusillus*, à membres assez robustes ; l'os mandibulaire est large en arrière, assez court au total ; les incisives supérieures ont leur sillon plus médian que chez les *Lagomys*.

Terrain tertiaire à Langy.

G. LAGOMYS. G. Cuv.

S.-G. AMPHILAGUS. Nob.

Diffère des *Lagomys* par sa première molaire inférieure marquée d'un seul sillon sur les deux faces, carrée et non triangulaire, formée de deux cylindres comprimés, réunis sur un seul point près du bord externe ; par l'inégalité des deux cylindres plus épais qui constituent les trois dents intermédiaires, le second étant moitié large comme le premier, qui porte une arête sur la face de contact avec le second ; ces cylindres sont simplement accolés et soudés par le cément. Leur surface triturante est ovale presque ronde pour le postérieur, ovale oblongue pour l'antérieur, qui est arrondi obtus en dedans et faiblement aigu , peu saillant en dehors. La dernière molaire très-petite est cylindrique et caduque, en sorte qu'il ne reste souvent que quatre dents à la mâchoire.

1. AMPHILAGUS ANTIQUUS, Nob. Animal de même taille que le *Lagodus*, ayant ses membres un peu plus grêles.

Terrain tertiaire à Langy, Volvic.

S.-G. LAGOMYS. Cuv.

1. LAGOMYS SPELOEUS? Ow. Un seul humérus, coïncidant pour ses proportions avec la tête décrite sous ce nom par Owen, a été trouvé dans notre pays. Est-ce la même espèce?

Brèche de Coudes.

Obs. Il serait nécessaire de comparer notre *Amphilagus* aux *Lagomys meyeri* et *œningensis* décrits par H. Von Meyer, pour décider si ces derniers doivent entrer dans le même sous-genre. En tout cas, ils sont d'espèces différentes. Ceux de Sansan diffèrent encore comme sous-genre, par la dernière molaire inférieure qui a trois prismes par réunion de la cinquième molaire à la quatrième. Du reste la première est aussi triangulaire. On pourrait nommer l'espèce *Prolagus sansaniensis*. Elle est des terrains tertiaires. Ne serait-ce pas le genre *Titanomys*, H. Von Meyer?

G. LEPUS. L.

1. LEPUS DILUVIANUS? Pictet. Les pièces que nous avons recueillies de cette espèce ne sont pas assez caractéristiques pour être rigoureusement déterminées.

Brèches de Coudes et Aubière, attérissements de Champeix, Neschers, caverne de Chatelperron.

2. LEPUS CUNICULI AFFINIS. Nous pourrons en dire autant de cette espèce que de la précédente.

Brèche de Coudes, Neschers dans l'alluvion, Gresin, près d'Issoire?... (Celui de ce dernier gîte connu par un radius est sensiblement plus petit et plus grêle.)

3. LEPUS LACOSTI, Nob. Espèce assez bien caractérisée, se rapprochant plus du lapin que du lièvre. L'origine de l'arcade zygomatique est à peu près comme dans celui-là; mais le sillon s'avance moins en avant et occupe seulement la moitié du molaire; la branche montant au-devant de l'orbite est plus épaisse. Le crâne est assez plat sur le frontal dont l'apophyse postorbitaire est courte, et l'échancrure antérieure moins profonde. Les dents et les fragments de tête indiquent une taille un peu supérieure à celle du lapin. L'humérus est long de 0,078, le tibia de 0,120, le métatarsien externe de 0,045.

Terrain pliocène d'alluvion ponceuse à Perrier.

O. DES CARNASSIERS.

F. DES URSIDES.

G. URSUS.

1. URSUS SPELÆUS, Blum. *(Ursus neschersensis?* Croiz.).

Cavernes de Chatelperron et de Montaigut-le-Belin (Allier); attérissement à Champeix (alluvion ancienne à Neschers?)

2. URSUS ARVERNENSIS, Croiz. et Job. Espèce se rapprochant un peu des ours de Malaisie et des Cordilières par la persistance de ses avant-molaires et ses tuberculeuses plus petites que dans les ours d'Europe; pas de bosses frontales.

Terrain pliocène d'alluvion ponceuse à Perrier.

F. DES MUSTÉLIDES.

T. DES TAXIENS.

G. MELES L.

1. MELES FOSSILIS, Auct. *(M. vulgaris?)* Peu distinct du blaireau, étant seulement un peu plus robuste dans toutes ses parties.

Cavernes de Chatelperron et de Montaigut-le-Belin; se trouve dans un grand nombre de cavernes de la France.

T. DES LUTRIENS.

G. LUTRA. Ray.

1. LUTRA BRAVARDI, Pom. Espèce à peu près de la taille du *Lutra vulgaris ;* sa carnassière supérieure a son talon interne plus antérieur, laissant un intervalle triangulaire entre elle et la tuberculeuse pour loger la carnassière inférieure ; tuberculeuses non étranglées, parallélogrammiques.

Terrain pliocène d'alluvion ponceuse à Perrier.

2. LUTRA MUSTELINA, Nob. (*Mustela lutroides*, Nob., *olim*). Espèce plus petite que la précédente de 1|5 ; ses avant-molaires sont très-entassées, la carnassière inférieure a le denticule interne peu développé, plus cependant que chez les martes.

Terrain pliocène d'alluvion ponceuse à Perrier.

G. LUTRICTIS. Pom.

6|6 molaires se décomposant en avant-molaires 3|4, carnassières 1|1, tuberculeuses 2|1 ; carnassière inférieure ayant son denticule interne fort peu développé ; la supérieure semblable à celle des loutres, mais échancrée en deux lobes par une scissure. Première tuberculeuse supérieure triangulaire oblique ; seconde très-petite arrondie, située derrière l'angle interne de la précédente.

La tête a les formes générales de celle des loutres,

mais elle est plus étroite, moins étranglée derrière les orbites, et plus allongée dans la face. Tous les os des membres ont aussi de grandes ressemblances avec leurs analogues chez la loutre d'Europe. L'humérus est plus comprimé et le fémur un peu plus court.

1. LUTRICTIS VALETONI, Pom. *(Lutra valetoni*, E. Geof.) Espèce un peu au-dessous de la taille du *Lutra vulgaris*, à extrémités plus allongées, à proportions plus grêles. C'est probablement le *Lutra clermontensis*, Croiz., Blainv. (en partie du moins).

Terrain tertiaire à Langy, Gannat, Gergovia, Vaumas.

T. DES MUSTÉLIENS.

G. **RABDOGALE.** Wagn.

1. RABDOGALE ANTIQUA, Nob. Espèce un peu plus forte que la congénère vivante, ayant sa canine plus aiguë et comme tordue à la base. La première avant-molaire plus épaisse, la seconde sans denticules, la carnassière peu élevée. La mandibule est très-robuste.

Terrain pliocène d'alluvion ponceuse à Perrier.

G. **MUSTELA.** L., G. Cuv.

1. MUSTELA SCHMERLINGII, Nob. Espèce plus grande que la fouine, égalant presque le *Pekan*, à face régulièrement atténuée et non comme contractée au-devant des orbites ; troisième avant-molaire inférieure pour-

vue d'un fort denticule ; apophyse coronoïde de la mandibule plus dilatée. Nous prenons pour type de cette espèce les pièces des cavernes de Liége, figurées par Schmerling, et nous lui rapportons cependant avec doute, en raison de la contemporanéité et de la ressemblance de taille, les pièces trop incomplètes de l'Auvergne.

Brèches de Coudes et d'Aubière; alluv. de Neschers.

G. PLESIOGALE. Pom.

3|4 avant-molaires, 1|1 carnassières, 1|1 tuberculeuses. Carnassière inférieure sans denticule interne, à talon relevé en crête au milieu. Tuberculeuse supérieure très-étroite d'avant en arrière, moins au bord externe qu'à l'interne. L'inférieure portée par deux racines très-rapprochées, mais distinctes. La voûte du palais est à peine prolongée au-delà des tuberculeuses. Le frontal est très-étroit entre les orbites, presque dépourvu d'apophyses post-orbitaires et non contracté derrière elles. Les membres sont robustes pour un mustélien, si les os que nous lui attribuons lui ont appartenu.

1. PLESIOGALE ANGUSTIFRONS, Pom. *(Mustela plesictis, part.*, Blainv.*)* Espèce de la taille à peu près du *Mustela foïna*, mais à crâne plus allongé et plus étroit. La troisième avant-molaire inférieure n'a qu'un petit talon basilaire en avant, sans denticule. La grande

étendue en longueur de la branche montante, l'horizontale ne faisant pas les 3/5 de la longueur totale, indique un grand allongement de la boîte cérébrale.

Terrain tertiaire à Langy.

2. PLESIOGALE ROBUSTA, Nob. Espèce un peu plus grande que la précédente, plus robuste. 4me avant-molaire inférieure ayant un denticule assez développé sur le talon basilaire antérieur, et un lobe médian sur le bord tranchant postérieur du cône; la seconde est plus distante de la troisième et plus aiguë.

Terrain tertiaire à Langy, Vaumas.

3. PLESIOGALE WATERHOUSII, Nob. Espèce un peu plus petite que le putois, remarquable par l'acuité des avant-molaires inférieures. Cette espèce et la suivante nous montrent que l'apophyse coronoïde est très-élargie au sommet et comme terminée en fer de hache. La grande étendue de la fosse massétérine achève d'indiquer une très-grande force dans l'appareil musculaire qui mouvait les mâchoires.

Terrain tertiaire à Langy, à Cournon (collection Croizet, à Londres).

4. PLESIOGALE MUSTELINA, Nob. Espèce de la taille de l'hermine à peu près, à tuberculeuse inférieure comprimée, tranchante et comme trilobée à son arête longitudinale.

Terrain tertiaire à Langy.

G. PUTORIUS. G. Cuv.

1. PUTORIUS FOSSILIS, Auct. Peu différent du *Putorius vulgaris,* auquel beaucoup d'auteurs l'ont même complétement assimilé, sans songer qu'il y à autant de différences entre eux qu'entre le vivant et quelques autres espèces voisines. En général, le putois fossile a les membres plus robustes que le vivant.

Brèche de Coudes ; alluvion de Neschers.

2. PUTORIUS GALE, Nob. Espèce plus grande que l'hermine, égalant presque le *P. nudipes;* mandibule robuste ; carnassière inférieure très-grande.

Brèche osseuse de Coudes.

3. PUTORIUS MICROGALE, Nob. Petite espèce n'ayant pas plus de douze à treize centimètres de longueur de corps, ses proportions sont excessivement grêles.

Brèche osseuse de Coudes ; alluvions de Neschers.

4. PUTORIUS MACROSOMA, Nob. Espèce un peu plus grande, pouvant avoir 16 centimètres de longueur de corps, étant seulement un peu plus robuste que la petite belette de notre pays.

Brèche osseuse de Coudes.

Nota. Nous avons, depuis longtemps déjà, observé deux formes très-différentes dans ce que les auteurs nomment la belette. L'une a jusqu'à 7 pouces 1/2 de corps, la teinte des flancs s'affaiblit près du blanc du ventre; la queue longue d'un pouce et demi est concolore. La boite céphalique est moins bulleuse, plus atténuée en avant; les apophyses postorbitaires sont plus saillantes et l'arête sagittale est simple jusqu'au rétrécissement postorbitaire. Elle diffère du *Boccamela* en ce que celle-ci a la queue plus longue et un peu plus fournie au bout. L'autre, que nous proposons de nommer *P. minutus*, n'a pas plus de six pouces de corps et d'un pouce de queue; celle-ci a quelques poils noirs au bout. La tête a le front plus étroit, la fosse temporale moins profonde, le crâne étant moins rétréci en avant et plus bulleux, et l'arête sagittale, même sur les vieux individus, est peu sensible et se bifurque en deux impressions musculaires bien avant d'atteindre l'étranglement postorbitaire. La couleur du pelage ne s'affaiblit pas au bas des flancs et tranche fortement avec le blanc du ventre. Les deux espèces ont les taches de la gorge un peu variables. Nous les avons observées l'une et l'autre aux environs de Paris et dans l'Auvergne.

F. DES FÉLIDES.

T. DES FÉLIENS.

G. FELIS. L.

1. FELIS ARVERNENSIS, Croiz. et Job. Espèce de taille intermédiaire à un petit tigre des Indes et au jaguar. Le diastème de la mandibule est court. La seconde molaire est relativement petite, les incisives très-faibles; membres courts, très-robustes, dans les proportions de ceux du jaguar.

Terrain pliocène d'alluvion ponceuse à Perrier.

2. FELIS PARDINENSIS, Croiz. et Job. Espèce un peu plus petite, ayant ses molaires dans les mêmes proportions entre elles : diastème plus long, carnas-

sière peu dilatée à la base. Ossements des membres ayant les proportions de ceux des panthères, dont l'espèce diffère par ses dents et une taille plus grande.

Terrain pliocène d'alluvion ponceuse à Perrier.

3. FELIS BRACHYRYNCHA, Nob. (*F. pardinensis jun.*, Croiz. et Job.). Espèce plus grande que la précédente, à diastème de la mandibule très-court, plus encore que dans l'*Arvernensis,* et n'ayant de l'analogie sous ce rapport qu'avec le guépard. Os des membres dans les proportions de ceux du couguard, sensiblement plus allongés.

Terrain pliocène d'alluvion ponceuse à Perrier.

4. FELIS ISSIODORENSIS, Croiz. et Job. Espèce voisine des lynx, assez grande; ses mâchoires plus robustes ont les dents plus fortes, la carnassière inférieure sans denticule, tuberculeuse supérieure plus séparée de la carnassière; os des membres ayant les proportions de ceux des panthères.

Varie à taille un peu plus petite et moins robuste dans toutes ses parties (femelles?).

Terrain pliocène d'alluvion ponceuse à Perrier.

5. FELIS LYNCOIDES, Nob. Taille du lynx du Canada et par conséquent plus petite que la précédente, ayant ses avant-molaires moins fortes; l'os mandibulaire robuste, le diastème long.

Brèche de Coudes; attérissement de la Tour-de-Boulade, près d'Issoire.

6. FELIS BREVIROSTRIS, Croiz. et Job. (*F. perrierii part.* Croiz.; *F. leptorynch,* Brav.). Cette espèce a les molaires aussi fortes que l'*Issiodorensis;* mais l'os mandibulaire est beaucoup moins épais ; le diastème est très-court. Les os des membres très-élancés sont dans les proportions de ceux du *F. montana* et moins grêles que dans le guépard.

Terrain pliocène d'alluvion ponceuse à Perrier.

7. FELIX INCERTA. Espèce indiquée seulement par quelques os des membres indiquant une taille de serval.

Terrain pliocène d'alluvion ponceuse à Perrier.

8. FELIS MINUTA, Nob. Espèce plus petite que le chat sauvage, reposant sur les pièces des cavernes de Liége décrites par Schmerling, et dont nous croyons pouvoir rapprocher les pièces peu caractéristiques que nous avons recueillies en Auvergne.

Brèches de Coudes et d'Aubière.

9. FELIS SPELÆA, Goldf. Signalé par une seule dent canine mutilée.

Caverne de Montaigut-le-Belin.

Les autres espèces européennes fossiles sont :

10. F. ANTIQUA, Cuv. (*F. Pardus,* Bl. part.; *F. leopardus,* M. Serres; *F. prisca,* Schmerl.) Trouvé dans les cavernes et les brèches osseuses.

11. F. ANTEDILUVIANA, Kaup. Du terrain miocène d'Eppelsheim (vallée du Rhin).

12. F. ENGIHOLENSIS, Schmerl. Espèce peu certaine. *Des cavernes de Belgique.*

13. F. CHRISTOLII, Gerv. (Serval des sables marins, *M. Serres ?)*

Terrain pliocène de Montpellier.

14. F. SERVALOÏDES, Nob. (Serval, *M. Serres*, Dub. et Jean.).

Caverne de Lunel-vieil.

S.-G. MEGANTHEREON. Croiz. et Job. 1828.

Syn. *Smilodon,* Lund. *Trepanodon,* Nest. *Stenodon*, Croiz. *Machærodus*, Kaup. 1833.

1. MEGANTHEREON CULTRIDENS, Nob. *(Felis cultridens*, Brav.; *Ursus cultridens arvernensis*, Croiz. et Job.) Espèce plus grande que le lion, presque autant que le *M. neogœus* du Brésil, dont elle diffère par sa canine beaucoup plus étroite et sa carnassière inférieure sans denticule en arrière de la base. Les arêtes des canines cultriformes sont très-légèrement dentelées.

Terrain pliocène d'alluvion ponceuse à Perrier.

2. MEGANTHEREON LATIDENS, Nob. *(Marchærodus latidens*, Ow.) Déterminée par M. Gerv., d'après quelques pièces que M. Aymard a signalées comme indiquant une plus grande taille que celle du précé-

dent, ce qui nous rend douteuse cette ressemblance.

Sous les basaltes à Sainzelles, près Polignac, (Haute-Loire.) Le type a été découvert dans la caverne de Kent, en Angleterre.

3. MEGANTHEREON MACROSCELIS, Nob. (*Felis megantherecn*, Brav., Croiz. et Job. *Felis megantherecn et ursus cultridens*, Croiz. et Job.) Espèce de la grosseur d'une panthère, mais beaucoup plus élancée. Les canines sont plus étroites, non crénelées sur leurs arêtes. Le bord antérieur de la mandibule est très-dilaté verticalement. La première avant-molaire inférieure est assez développée, mais peu saillante.

Terrain pliocène d'alluvion ponceuse à Perrier. D'abord découverte en Italie, au val d'Arno, par Nesti, *les crânes en avaient été attribués au* Felis antiqua, *qui est une espèce différente du diluvium et des cavernes.*

Obs. Les *Megantherecn* doivent constituer un sous-genre caractérisé par la compression et l'allongement des canines supérieures, la dilatation verticale de la partie symphysaire des mandibules, la brièveté et pour mieux dire l'atrophie de l'apophyse coronoïde de cette mâchoire et d'autres particularités du crâne, qui se retrouvent dans toutes les espèces.

Le nom le plus ancien proposé pour ces animaux, considérés comme *Felis*, dans la vue d'un démembrement sous-générique, est celui que nous acceptons. Ceux de *Machœrodus* et de *Trepanodon*, postérieurs, ainsi que ceux de *Stenodon* et *Milodon*, avaient été proposés par des auteurs qui faisaient de ces animaux soit des ours, soit un type entièrement inconnu. — Les espèces aujourd'hui connues sont déjà nombreuses.

A. ESPÈCES A CANINES CRÉNELÉES.

1. MEGANTHERON NEOGOEUS, Nob. *(Hyæna neogæa*, Lund. *Smilodon populator*, Lund.)

Cavernes du Brésil; alluvion pampéenne au Paraguay.

2. MEGANTHEREON LATIDENS, Nob.

3. MEGANTHEREON APHANISTA, Nob. *(Felis aphanista,* Kaup. *F. prisca,* Kaup. *Marchœrodus,* Kaup. *Agnotherium?* part. Kaup.)

Terrain tertiaire miocène d'Eppelsheim (vallée du Rhin.)

4. MEGANTHEREON CULTRIDENS, Nob.

5. MEGANTHEREON FALCONERI, Nob. Un peu plus grand que le *Macroscelis;* la canine est médiocre, la première molaire inférieure sans denticules et petite; la dilatation symphysaire très-grande.

Terrain miocène? des Hymalayas. (Collect. de la société géol. de Londres.)

B. ESPÈCES A CANINES LISSES.

6. MEGANTHEREON MACROSCELIS, Nob. *(F. Antiqua*, Nest. Blain. *Ectyp. valdarnens.)*

7. MEGANTHEREON OGYGIUS, Nob. *Felis ogygia*, Kaup.; *F. antiqua*, part. Bl.)

Terrain miocène à Eppelsheim.

8. MEGANTHEREON PALMIDENS, Nob. *(F. palmidens*, Bl.; *F. quandridentata*, Bl. part. *(exclusis mandibulis)*; *F. Meganthereon*, Lart.

Terrain miocène à Sansan.

9. MEGANTHEREON HYOENOÏDES, Nob. *(F. hyœnoïdes*, Lart. *F. quadridentata*, Blain. *Pseudœlurus quadridentatus*, P. Gerv.) Formant encore une section particulière remarquable par la présence de la première molaire qui manque aux autres *felis*. Si ce caractère est constant on pourrait accepter la coupe créée par M. Gervais et rendre à l'espèce son nom primitif : *Pseudœlurus hyœnoïdes*.

Terrain miocène à Sansan.

T. DES HYÉNIENS.

G. **HYÆNA**. Briss.

1. HYÆNA SPELOEA, Goldf. Tuberculeuse très-petite.

Cavernes de Chatelperron, de Montaigut-le-Belin? (Dans les scories de Saint-Privat d'Allier (Haute-Loire).

2. HYÆNA PERRIERII, Croiz. et Job. Tuberculeuse supérieure un peu moins petite, elliptique. Talon de la carnassière inférieure creux, formé en

dehors par une crête entière, bilobée en dedans et séparée par une échancrure du lobe tranchant, qui n'a pas de denticule interne.

Terrain pliocène d'alluvion ponceuse à Perrier ; val d'Arno.

3. HYÆNA ARVERNENSIS. Croiz. et Job. Tuberculeuse supérieure plus grande encore, un peu plus étroite que dans l'hyène rayée, dépourvue du lobe postérieur de celle de *H. brunea*. La carnassière inférieure n'a pas de crête au bord interne du talon, près duquel le lobe tranchant postérieur porte un très-petit denticule interne. Taille un peu plus grande que celle de *H. perrierii*.

Terrain pliocène d'alluvion ponceuse à Perrier ; val d'Arno.

4. HYÆNA DUBIA, Croiz. et Job. Douteuse comme genre, mais non comme espèce, si c'est une hyène, car la seconde avant-molaire est dépourvue de denticule.

Terrain pliocène d'alluvion ponceuse à Perrier.

5. HYÆNA VIALLETI, Aym. De petite taille.

Alluvion à Vialette (Haute-Loire).

6. HYÆNA BREVIROSTRIS, Aym. Espèce de grande taille et robuste, à tuberculeuse supérieure assez grande, la carnassière inférieure ayant un denticule interne au lobe postérieur.

Sous les laves basaltiques à Sainzelles, près Polignac (Haute-Loire); attérissement à Ardé, près d'Issoire.

Obs. Le genre hyène, nombreux à l'époque pliocène, et représenté par une espèce plus remarquable dans le miocène supérieur, *H. hipparionum*, Gerv., est encore peut-être plus ancien dans l'Inde, où deux espèces au moins se trouvent dans les dépôts subhymalayens.

F. DES VIVERRIDES.

T. DES VIVERRIENS.

G. PLESICTIS. Pom.

Formule dentaire des martes, 3|4 avant-molaires, 1|1 carnassières, 1|1 tuberculeuses. Carnassière inférieure pourvue d'un fort denticule interne, d'un talon assez court, très-creux, relevé en arrière en une arête transversale subbilobée. Tuberculeuse supérieure triangulaire, à deux tubercules externes et un troisième sur le talon, semblable à celle des *Viverriens*, diffère du genre *Prionodon* ou *Linzang*, qui a la même formule par ses dents plus épaisses, moins denticulées.

Le crâne a deux arêtes sagittales très-séparées dans toute leur étendue, ne se réunissant même pas sur la crête occipitale; aussi est-il plat au-dessus. L'ouverture postérieure des narines est peu éloignée du palais, et les crêtes ptérygoïdiennes sont par conséquent plus longues. Les caisses sont très-saillantes et convexes presque autant que chez les chats, et forment une sorte de tube court pour le méat; elles ne touchent ni à l'apophyse mastoïde du temporal, ni à celle de l'occipital qui en est distincte. Il n'y a pas de canal alisphenoïde; mais ce n'est pas la seule exception dans la famille. L'arcade zygomatique est très-forte, la boîte céphalique moins allongée à proportion de la face que dans les martes. Parmi les genres vivants, le *Proteles*, l'*Otocyon*, le *Bassaris*, le *Canis cinereo-argentatus*, ont aussi les crêtes temporales distinctes sur une grande partie du crâne; mais elles se réunissent en une sagittale plus ou moins courte près de la crête occipitale. Le genre *Helictis*, au contraire, ressemble tout à fait au fossile sous ce rapport.

C'est un genre nombreux en espèces.

1. PLESICTIS ROBUSTUS, Nob. La carnassière inférieure de cette espèce n'est pas plus longue que celle de la fouine; mais les avant-molaires sont plus grandes, et l'espèce avait une taille de beaucoup supérieure à celle de cette espèce. L'os mandibulaire est très-robuste ayant 0,015 de hauteur sous la carnassière, l'apophyse coronoïde est très-élargie, arrondie au sommet; le condyle séparé des molaires par un intervalle presque égal à l'espace qu'elles occupent. La tête devait être longue de 0,115.

Terrain tertiaire à Langy.

2. PLESICTIS GRACILIS, Nob. (*Plesictis croizeti*,

Pom., *mandib.)* Cette espèce a la série des molaires presque aussi étendue que la précédente ; mais ses dents sont moins serrées et plus petites, surtout moins épaisses. L'os mandibulaire est bien plus grêle, n'ayant que 0,01 sous la carnassière, et la branche montante est beaucoup moins élargie. La tête de cette espèce devait être longue de 0,095 ; ce qui surpasse encore celle de la fouine de 0,015.

Terrain tertiaire à Langy.

3. PLESICTIS CROIZETI, Pom. La tête a à peu près la longueur de celle de la fouine ; son rétrécissement postorbitaire est assez marqué, et les crêtes temporales sont presque parallèles, un peu divergentes cependant du côté de l'occiput. La tuberculeuse supérieure est bien triangulaire, son talon interne étant très-rétréci, les crêtes ptérigoïdiennes sont très-dilatées et saillantes. Les proportions des membres sont assez grêles.

Terrain tertiaire à Langy.

4. PLESICTIS LEMANENSIS, Nob. Cette espèce a le crâne de même longueur que la précédente, mais elle est plus robuste ; les molaires sont plus épaisses, plus serrées ; la tuberculeuse supérieure est oblongue, très-épaissie dans son talon. Les crêtes ptérygoïdiennes sont peu saillantes.

Terrain tertiaire à Langy.

5. PLESICTIS GENETOÏDES, Pom. *(Mustela plesic-*

tis, Laiz. et Par.). Espèce de la taille du putois, à tête large ayant les crêtes temporales divergentes en arrière, où elles sont très-espacées. Tuberculeuse supérieure triangulaire très-élargie et oblique au bord externe. Les molaires sont robustes et assez saillantes. Le crâne est long de 0,058.

Terrain tertiaire à Cournon.

6. PLESICTIS PALUSTRIS, Nob. Espèce un peu plus grande que la précédente, dont elle diffère surtout par sa tuberculeuse plus étroite d'avant en arrière, moins dilatée au bord externe. Le front est un peu convexe; les crêtes temporales, fortement séparées, vont en divergeant en arrière, et leur intervalle est très-déprimé. Cet intervalle à l'endroit le plus étroit est de 0,01, et au plus large en arrière de 0,016. Le crâne est long de 0,065.

Terrain tertiaire à Langy.

7. PLESICTIS ELEGANS, Nob. Espèce de taille intermédiaire aux deux précédentes, dont elle se distingue par le moindre écartement des crêtes temporales (0,009), qui sont peu divergentes en arrière (0,011), et se rapprochent un peu en touchant la ligne occipitale. Le crâne, très-bombé à la hauteur des apophyses glénoïdes du temporal, se rétrécit notablement au-delà.

Terrain tertiaire à Langy.

G. AMPHICTIS. Nob.

Le caractère principal de cette coupe sous-générique est dans la forme de la tuberculeuse inférieure très-développée et portée par deux racines distinctes; cette dent montre au tiers antérieur une crête transversale divisée en deux tubercules, limitant une fossette antérieure et un talon creux, semblable à celui d'une carnassière. La carnassière ressemble aux dents analogues des *Viverra*, mais elle est assez petite, peu élevée à la couronne, dont le talon est entouré d'une crête interne assez forte. Les avant-molaires sont peu armées de denticules. Ce genre, voisin des *Ichneumia* et des *Cynictis*, mais moins insectivore, a aussi quelques rapports avec certains *Paradoxures*.

1. AMPHICTIS ANTIQUUS, Nob. (*Viverra antiqua, mandibula*, Blainv.) Molaires disposées en série peu serrée, la troisième et la quatrième inférieures pourvues d'un denticule au milieu du bord postérieur du cône au-dessus d'un talon bien marqué. Os mandibulaire assez semblable pour sa forme générale et son allongement à celui des *Genettes*. Ossements des membres, très-grêles; taille un peu inférieure à celle du *Zibeth*.

Terrain tertiaire à Langy.

2. AMPHICTIS LEPTORYNCHUS, Nob. La seconde avant-molaire inférieure est plus rapprochée de la

première, plus éloignée de la troisième qui n'a pas de denticule postérieur. Toutes les dents sont moins soulevées, moins épaisses, surtout la carnassière et la tuberculeuse. En outre, l'os de la mandibule est remarquablement grêle, ayant à peine 0,009 de hauteur sous la carnassière, l'autre espèce ayant 0,014, tandis que la série dentaire longue de 0,045, n'a que 7 millimètres de moins de longueur.

Terrain tertiaire à Langy.

3. AMPHICTIS LEMANENSIS, Nob. Petite espèce ayant seulement les 5|8 de la taille du *Leptorynchus*. La quatrième avant-molaire inférieure a son denticule postérieur très-petit; la tuberculeuse est aussi longue que la carnassière ; les dents sont toutes contiguës.

Terrain tertiaire à Langy.

G. HERPESTES. Illig.

1. HERPESTES ANTIQUUS, Nob. (*Viverra antiqua*, [*dentes superiores*]. Blainv.). Espèce de la taille du *Zibeth*, formant un peu passage aux genettes. La dernière avant-molaire supérieure est pourvue d'un talon basilaire interne qui rend sa base triangulaire. Tuberculeuses supérieures très-obliques en dehors, la première ayant son second lobe presque oblitéré, et un talon interne très-comprimé; la seconde est ovale, très-interne et petite. Carnassière inférieure semblable à celle des *Mangoustes*, tuberculeuse

oblongue à la couronne, de grosseur médiocre, portant un peu en avant du milieu une arête transversale très-obtuse; les trois avant-molaires qui précèdent ont une forme triangulaire assez épaisse, avec talon de plus en plus fort de la première à la dernière, et denticules antérieur et postérieur peu développés.

Terrain tertiaire à Langy.

2. HERPESTES LEMANENSIS, Nob. (*Lutrictis valetoni,* Gerv. icone). Espèce plus grande que la précédente, à carnassière plus soulevée dans ses lobes antérieurs. Les avant-molaires surtout ont les denticules antérieurs beaucoup plus développés. La tuberculeuse est de même forme en général, c'est-à-dire oblongue; mais elle est beaucoup plus grande; son arête transversale bituberculée est au tiers antérieur, et le bord externe est bilobulé par une échancrure; c'est une forme très-voisine de l'*H. paludinosa.* La pièce figurée par M. Gervais indique un animal robuste; la branche montante de sa mandibule est très-dilatée, arrondie à l'apophyse coronoïde.

Terrain tertiaire à Langy.

3. HERPESTES PRIMÆVA, Pom. Espèce dont les molaires sont très-rapprochées et les premières presque embriquées. La quatrième avant-molaire inférieure est aussi longue que la carnassière, la tuberculeuse inférieure assez forte, moins cependant que dans l'espèce précédente. L'os mandibulaire est assez

épais, mais peu large verticalement ; la branche montante est peu dilatée et l'apophyse coronoïde médiocre. Sa taille est un peu inférieure à celle de la précédente.

Terrain tertiaire à Vaumas (Allier).

G. CYNODICTIS. Pom. (*an Galecynus*, Ow.?)

1. Animaux caractérisés par une formule dentaire semblable à celle des *Canis* (2/2 tuberculeuses), mais ayant encore les autres caractères des *Viverrides.* On les divise en plusieurs sous-genres, dont un, le *Cynodictis* vrai, est des plâtrières de Paris. *Cynodictis parisiensis*, Nob. (*Cyotherium*, Aym.).

S.-G. ELOCYON. Aym.

Caractérisé par une tuberculeuse supérieure plus étroite en dehors qu'en dedans, ce qui nous paraît difficilement s'accorder avec la présence d'une seconde tuberculeuse.

1. ELOCYON MARTRIDES, Aym.

Terrain tertiaire au Puy (Haute-Loire).

S.-G. CYNODON. Aym.

Caractérisé par des tuberculeuses triangulaires plus larges en dehors qu'en dedans, la carnassière inférieure semblable à celle des *Mangoustes* et assez épaisse.

1. CYNODON VELAUNUM, Aymard.

2. CYNODON PALUSTRE, Aym.

Terrain tertiaire au Puy (Haute-Loire).

F. DES CANIDES.

T. DES CANIENS.

G. CANIS. L.

NYCTEREUTES ? Temm.

1. CANIS MEGAMASTOIDES, Pom. (*C. borbonicus*, Br.; *C. issiodorensis*, Croiz.). Espèce un peu plus grande que le renard, remarquable par la dilatation sous-massétérine de la mandibule, qui forme un coude très-marqué à son bord inférieur. Le crâne a la partie céphalique plus longue que dans le renard, beaucoup moins rétrécie derrière les orbites, dont l'ouverture regarde moins en haut. Les crêtes temporales ne se réunissent qu'un peu avant d'atteindre l'occiput. Les tuberculeuses supérieures sont très-larges en dedans et arrondies, la crête de leur talon étant simple et concentrique au bord interne. La carnassière est très-courte, et son second lobe est peu saillant. L'inférieure est de même médiocre, et son talon creux est compris entre trois tubercules marginaux. Les avant-molaires sont assez espacées, et le museau devait être peu différent de celui du renard.

Terrain tertiaire d'alluvion ponceuse à Perrier.

2. CANIS BREVIROSTRIS, Croiz. (*In Blainv.*, Ost.). Espèce à peu près de même taille, ayant beaucoup d'analogie avec la précédente dans les proportions de

ses dents carnassières et tuberculeuses, celles-ci même étant encore un peu plus fortes à proportion. La carnassière supérieure est plus épaisse, et son talon interne plus volumineux est plus en arrière du bord antérieur. Les tuberculeuses inférieures n'ont pas de crénelure à la crête qui borde leur couronne. La crête longitudinale du talon des supérieures est entière, un peu onduleuse; les avant-molaires sont très-petites, très-serrées les unes sur les autres, et l'os mandibulaire ne présente pas cette dilatation si remarquable de la partie inférieure sous la fosse massétérine, ce qui l'éloigne un peu des *Nyctereutes*. Les os des membres nous ont paru ressembler beaucoup à ceux des *Amphicyon*; mais l'humérus ne nous est pas connu.

Terrain tertiaire à Gergovia, Langy.

CANIS VRAIS.

3. CANIS SPELÆUS, Gold. Espèce peu différente du loup, auquel plusieurs auteurs l'ont identifiée. On n'a encore, il est vrai, signalé de différences autres qu'une taille un peu plus forte et plus robuste pour le fossile. Nous en avons aussi reconnu de plus importantes dans l'étendue du canal ptérigoïdien ou des arrière-narines, qui militent en faveur de la distinction des espèces.

Attérissement à la Tour-de-Boulade, Coudes, Montaigut-le-Belin.

4. CANIS NESCHERSENSIS, Croiz. (*In Blain.*, Ost.). Espèce plus petite, très-voisine du *C. lycaon,* et peut-être encore plus de certaines races de chiens domestiques. (Nous l'avions d'abord rapporté au *C. spelæus minor*).

Alluvions ponceuses (non pliocènes) de Neschers.

5. CANIS VULPES FOSSILIS, Auct. Il nous a paru difficile de séparer ce fossile de notre renard ordinaire. Du reste, il est peu connu.

Brèches de Coudes, Aubière ; cavernes de Chatelperron, de Montaigut-le-Belin ; attérissement alluvial à Neschers, Sainzelles ?

T. DES PALÆOCYENS.

G. **AMPHICYON.** Lart.

Trois tuberculeuses supérieures, deux inférieures ; 1|1 carnassières, trois avant-molaires supérieures, quatre inférieures. Molaires ayant la forme de celles des *Canis.* Tête très-semblable aussi à celle de ce genre et non à celle des petits ours. Humérus très-élargi à son extrémité inférieure, et percé d'un trou au-dessus du condyle interne, sans trou olécranien. Cinq doigts à tous les pieds, assez courts et robustes. Queue très-longue. Animaux probablement aquatiques, mais non plantigrades ainsi qu'on l'avait avancé, ayant les membres antérieurs proportionnellement plus robustes.

1. AMPHICYON BREVIROSTRIS, Nob. (*A. gracilis*, Nob. Olim, *Canis issiodorensis*, Croiz. et Blainv.) [*Mandibula, nec dentes superiores*]. La mâchoire de cette espèce n'est guère plus longue que celle du *C. megamastoïdes*, dont elle a la dilatation sous-massétérine, mais elle est plus épaisse ; ses dents sont plus fortes et moins espacées, leur cône est plus obtus, la troisième a un denticule postérieur. Les os des membres indiquent des proportions bien plus grêles que chez les autres espèces du genre, et presque comme chez certains chiens à membres un peu raccourcis.

Terrain tertiaire à Langy.

2. AMPHICYON LEPTORYNCHUS, Nob. Un peu plus petit que notre loup. L'os mandibulaire a la même forme; il est assez grêle, n'ayant que 0,025 de hauteur sous la première molaire, et 0,028 sous la carnassière ; les avant-molaires sont très-espacées, petites et caduques ; la carnassière inférieure longue de 0,020, est épaisse de 0,008 seulement, et plus comprimée que dans les autres espèces. Les canines assez grêles laissent entre elles un très-petit intervalle pour loger les incisives qui doivent être très-entassées et petites.

Terrain tertiaire à Langy.

3. AMPHICYON LEMANENSIS, Pom. (*Amph. minor, part.* Blainv. ; *Amph. blainvillei*, Gerv.). Cette espèce est un peu plus grande que la précédente, et

plus robuste dans toutes ses parties. L'os mandibulaire est haut de 0,038 sous la carnassière, et de 0,031 sous la première molaire. La carnassière est plus épaisse à proportion, ayant 0,01 de largeur sur une longueur de 0,021 à 0,022. Les avant-molaires également plus fortes sont aussi plus persistantes.

Terrain tertiaire à Langy et à Digoin.

4. AMPHICYON INCERTUS, Nob. Caractérisé par une seule carnassière inférieure, qui a la même taille et la même épaisseur que celle de la précédente espèce; mais elle en diffère par son talon qui, au lieu d'être cupuliforme, verse tout à fait en dedans comme chez les *Martes*, et est plutôt convexe que plat. En outre la base porte des bourrelets bien marqués, dont il n'y a pas de trace chez les précédentes.

Terrain tertiaire à Langy.

5. AMPHICYON CRASSIDENS, Pom. (*Amp. elaverii*, Gerv.). La carnassière inférieure longue de 0,03 est large de 0,015. Elle a un bourrelet épais à la base externe. Le talon forme presque le tiers de sa longueur. Son humérus est moins robuste que celui de l'*A. major*; il a 0,232 de longueur, et celui de Sansan 0,352.

Terrain tertiaire à Langy.

Obs. Le genre *Amphycion* ayant joué un grand rôle dans les faunes tertiaires, surtout miocènes, et ses espèces ayant encore été peu étudiées comparativement, nous croyons devoir en donner un tableau synonymique.

1. AMPHICYON GIGANTEUS, Nob. (*Canis giganteus*, G. Cuv.; *Amph. major, part.* Blainv.) Première tuberculeuse supérieure triangulaire, arrondie sur ses angles; le talon interne étroit, avec bourrelet enveloppant la colline interne en croissant très-saillant en dedans. La dent est large de 0,042, longue de 0,032.

Terrain tertiaire à Avaray.

2. AMPHICYON CULTRIDENS, Nob. (*Amphicyon major, part.* Blainv.). Canine supérieure comprimée; première tuberculeuse supérieure plus arrondie et plus épaisse au talon interne (large de 0,035, longue de 0,028). Taille plus petite d'un cinquième.

Terrain tertiaire à Sansan.

3. AMPHICYON LAURILLARDI, Nob. (*Pseudocyon sansaniensis*, Lart.; *Amph. major, part.* Bl., Ost. Planch.). Un peu moins grand que le précédent. Première tuberculeuse supérieure presque carrée, à talon très-raccourci, à colline interne bilobée, large de 0,024, longue de 0,022; carnassière supérieure ayant son tubercule basilaire interne plus petit et plus reculé. Nous lui rapportons la mandibule plus petite figurée dans l'Ost. sous le nom de *Major*.

Terrain tertiaire à Sansan.

4. AMPHICYON MINOR, Bl. Ost. icone (*Hemicyon*

sansaniensis, Lart.?). Le talon interne de la carnassière supérieure est fort et situé au-dessus de la pointe du premier lobe.

Terrain tertiaire à Sansan.

5. AMPHICYON CRASSIDENS, Nob.

Terrain tertiaire à Langy.

6. AMPHICYON INCERTUS, Nob.

Langy.

7. AMPHICYON LEMANENSIS, Pom.

Langy et Digoin; Veissenau près Mayence ?

8. AMPHICYON LEPTORYNCHUS, Nob.

Langy; Veissenau près Mayence ?

9. AMPHICYON DIAPHORUS, Nob. (*Gulo diaphorus*, Kaup.). Espèce à molaires très-entassées, voisine de la suivante sous ce rapport.

Terrain tertiaire à Eppelsheim.

10. AMPHICYON BREVIROSTRIS, Nob.

Langy.

11. AMPHICYON AGNOTUS. Nob. (*Agnotherium*, Kaup.).

Terrain tertiaire à Eppelsheim.

O. DES ONGULÉS.

F. DES PROBOSCIDIENS.

T. DES ANOPLODIENS.

G. ELEPHAS.

1. ELEPHAS PRIMIGENIUS, Blum. Espèce à lames des molaires très-étroites et très-rapprochées.

Terrain alluvial : Environs de Dompierre ; Hauterive près Vichy ; plaine de Sarliève ; Tour-de-Boulade près d'Issoire.

2. ELEPHAS MERIDIONALIS, Nesti. Espèce à lames des molaires plus larges, plus espacées.

Alluvions anciennes à Malbattu ; environs de Clermont ; environs du Puy.

3. ELEPHAS PRISCUS, Goldf. Espèce ayant les lames de ses molaires disposées comme dans l'éléphant d'Afrique.

Plaine de Sarliève (coll. de Laizer).

G. MASTODON. G. Cuv.

1. MASTODON ARVERNENSIS, Croiz. et Job., Falc. (*Mastodon brevirostris*, Gerv.; *M. augustidens*, Pom., Nesti., G. Cuv. *partim*). Les deux avant-dernières molaires de cette espèce ont quatre collines et la der-

nière cinq. Ces collines sont formées de mamelons presque alternants dans les dernières dents. La mandibule est courte, sans prolongement antérieur, et dépourvue d'incisives dans l'adulte.

Terrain pliocène d'alluvions ponceuses à Perrier; Mirabèle (Ardèche); alluvions volcaniques à Vialette (Haute-Loire), Aymard; se retrouve à Montpellier, dans le Val d'Arno, dans le Piémont, en Angleterre dans le Crag.

2. MASTODON BORSONI, Hays. (*M. arvernensis* vieux, Gerv.; *Mastodon vellavus*, Aym.; *M. Vialleti*, Aym.?). Espèce du type du *M. tapiroïde* de Cuv., dont les molaires sont plus larges et ont les collines un peu plus semblables à celle du *M. giganteum*.

Montagne de Perrier (ravin de Boissac), Viallette aux environs du Puy, antérieurement observée en Piémont dans l'Astésan.

3? MASTODON TAPIROIDES, G. Cuv. Déterminée par quelques fragments de dents figurés par Blainville, comme trouvés en Auvergne, cette espèce est plus commune dans la partie inférieure de la vallée de la Loire.

Terrain tertiaire aux environs de Gannat.

Obs. M. Falcouer, dans sa *Fauna sivalensis*, a bien prouvé que le *Mastodon* de Simore, *M. augustidens*, était différent du *M. longirostris* d'Eppelsheim par la forme de ses deux avant-dernières molaires qui n'ont que trois collines au lieu de quatre. Nous avions aussi reconnu ces différences, signalées à ce que nous croyons au précédent auteur par M. Laurillard ; mais nous réservions le nom d'*augustidens* à l'espèce d'Italie et donnions à celle de Simore le nom de *M. Cuvieri*.

T. DES CATOPLODIENS.

G. **DINOTHERIUM.** Kaup.

1. DINOTHERIUM GIGANTEUM, Kaup. Cette espèce très-rare dans le bassin supérieur de la Loire où on n'en a encore recueilli qu'une ou deux dents, peut ne pas être identique au *giganteum*.

Terrain tertiaire à Chaptuzat; aux environs d'Aurillac.

2. DINOTHERIUM CUVIERI, Kaup. Cette espèce n'est encore connue que par une seule dent molaire, la troisième inférieure, qui est même un peu petite pour le *D. Cuvieri*.

Terrain tertiaire à St-Germain-Lembron.

F. DES PACHYDERMES-PERISSODACTYLES.

T. DES ATELODIENS.

G. **RHINOCÉROS**, L.

S.-G. **ACEROTHERIUM**, Kaup.

Tête dépourvue de corne; quatre doigts aux pieds antérieurs; deux grandes incisives à la mandibule, entre lesquelles s'en trouvent deux autres très-petites plus ou moins caduques.

1. ACEROTHERIUM LEMANENSE, Nob. (*Rhinoceros incisivus* d'Auvergne, Blainv. Ost. icone; *R. schleyermakeri*, Nob. olim). Cette espèce diffère de l'*Acerotherium tetradactylum* de Sansan par ses molaires supérieures dont la seconde colline est dépourvue de crochet à son bord antérieur, et par une taille plus forte. Il diffère aussi de l'*incisivum*, Kaup., par une taille un peu plus grande, les os du nez plus aigus et plus allongés en avant.

Terrain tertiaire à Billy, Vichy, Gannat, Chaptuzat, le Puy, Bournoncle-St-Pierre.

2. ACEROTHERIUM CROIZETI, Nob. Espèce plus petite, ayant ses molaires semblables à celles de la précédente. Les os du nez sont très-étroits, longs et acuminés à l'extrémité.

Terrain tertiaire à Vaumas, Gannat; Bansac?

Obs. Si les ossements recueillis à Bansac sont de cette espèce, elle se distinguerait encore par ses proportions bien plus grêles. Ce sont ceux figurés par Blainville comme d'*Antrachotherium* d'après M. Bravard.

S.-G. RHINOCÉROS, L. Nob.

Os nasaux portant une ou deux cornes, trois doigts à chaque extrémité. Première incisive inférieure très-petite caduque, seconde très-forte, longue et aiguë;

peau marquée de sillons ou plis qui figurent les articulations d'une carapace.

1. RHINOCEROS PARADOXUS, Nob. (*Rhinoceros tapirinus*, Nob. olim). Espèce de taille assez petite, surpassant à peine celle d'un grand Tapir, ayant les os du nez assez étroits terminés en pointe, pourvus sur leur milieu de deux mamelons latéraux pour deux petites cornes opposées; profil du crâne assez semblable à celui du *Rhin. sumatrensis*, mais plus relevé vers l'occiput, à échancrure nasale plus rapprochée de l'orbite. Espèce à ossements des membres assez trapus.

Terrain tertiaire à Gannat, Vaumas, Perrier.

Obs. Nous n'enregistrons pas ici d'autres espèces probablement nominales, dont les caractères sont encore inconnus.

S.-G. ATELODUS, Nob.

Os nasaux portant une ou deux cornes; pieds à trois doigts. Une ou deux paires d'incisives inférieures caduques, en forme de simple tubercule souvent à peine sorti de la gencive, ou nulles; pas de plis à la peau sur les espèces vivantes.

1. ATELODUS ELATUS, Nob. (*Rhinoceros elatus*, Croiz. et Job.; *Rhinoceros megarhinus*, Christ. *Rh. incisivus*, Blainv.). Espèce élancée, dont la tête et les mâchoires sont encore peu connues, mais qui de-

vait ressembler beaucoup au Rhinocéros de Montpellier, si ce n'était la même.

Terrain tertiaire à Perrier.

2. ATELODUS LEPTORHINUS, Nob. (*Rhinoceros leptorhinus*, Cuv., *caput*, Owen.). Cette espèce a une cloison des narines osseuse comme le *thicorhinus*, mais moins développée. Les molaires supérieures ont l'émail mince et lisse; les quatrième et cinquième ont une lame saillante devant la seconde colline qui reste plus profondément isolée de la première colline. La dernière est triangulaire très-étroite au bord externe; les antérieures ont une sorte de crénelure à la place de la lame saillante. Je n'ai vu aucune trace d'incisives sur des mandibules même jeunes, et les molaires semblent s'étendre presque jusqu'à leur bout antérieur.

Alluvions anciennes à Malbattu, aux Peyrolles près d'Issoire; aussi en Angleterre, dans le Milanais, dans la vallée du Rhin.

3. ATELODUS THICORHINUS, Nob. (*Rhinoceros thicorhinus*, G. Cuv.). Les molaires supérieures de cette espèce ont deux fossettes d'émail. Les inférieures sont plus prismatiques; l'émail de toutes les dents est très-épais et rugueux à la surface. La cloison des narines est osseuse.

Caverne de Châtelperron, Hauterive près Vichy, Tour-de-Boulade. Espèce à peu près répandue dans toute l'Europe et l'Asie russe.

4. ATELODUS AYMARDI, Nob. (*Rhinoceros thichorhinus*, Aym.: *Rhin. leptorhinus*, Gerv.) Espèce ayant la cloison des narines osseuse comme les deux précédentes, ressemblant beaucoup plus au *leptorhinus* par l'émail de ses molaires, mais portant des incisives courtes, séparées de la première molaire par un assez grand intervalle.

Divers gisements dans les terrains volcaniques de la Haute-Loire.

Les autres espèces de ce sous-genre (d'Afrique) sont:

ATELODUS BICORNIS, Nob.; *Rh. bicornis*, L.

ATELODUS KETLOA, Nob.; *Rh. ketloa*, Smith.

ATELODUS SIMUS, Nob.; *Rh. simus*, Burch.

T. DES HIPPOTHÉRIENS.

G. EQUUS, L.

1. EQUUS ADAMITICUS, Schl. Espèce peu différente de nos chevaux vivants et que certains auteurs considèrent comme identique.

Commun : Paix, Tour-de-Boulade, St-Yvoine près d'Issoire, brèche de Coudes, alluvions sous Neschers, attérissement à Gergovia, Hauterive près Vichy, Châtelperron, environs du Puy.

2. EQUUS ROBUSTUS, Nob. Espèce plus grande, plus trapue, qui paraît être un peu plus ancienne. Taille des grands chevaux.

Attérissement à Champeix, Malbattu, Peyrolles, couches supérieures de Perrier.

G. PALÆOTHERIUM, G. Cuv.

1. PALÆOTHERIUM MAGNUM, G. Cuv. Cette espèce présente des différences de taille, qui pourraient faire croire à l'existence de plusieurs types confondus sous ce nom. On observe même des différences de proportion dans les canines, qui pourraient à la vérité être en rapport avec celles de sexe. Il faudrait connaître une partie au moins de la tête pour confirmer cette détermination.

Terrain gypseux des environs du Puy (Aymard).

2. PALÆOTHERIUM GRACILE, Aym. Espèce à peu près de même taille, ayant plus de gracilité dans les membres.

Terrain gypseux du Puy (Aymard).

3. PALÆOTHERIUM VELAUNUM, G. Cuv. Espèce voisine du *P. medium* à laquelle nous attribuons avec doute un métacarpien de Bournoncle, qui indiquerait à peu près les mêmes formes élancées.

Terrain gypseux du Puy; calcaires de Ronzon au Puy (Aymard)*; Bournoncle-St-Pierre* (vallée de l'Allier).

4. PALÆOTHERIUM DUVALII, Nob. (*P. curtum*, Cuv. *part.*). Nous nommons ainsi une espèce dont les pieds sont beaucoup moins trapus que ceux types du

P. curtum, puisqu'ils n'ont à peine que les deux tiers de leur largeur avec une longueur un peu plus grande; la tête est celle attribuée au *P. curtum* par Cuvier, pour lequel elle est trop petite. Nous avons pu faire cette rectification sur les débris d'un squelette recueillis par feu Duval aux environs de Paris et figurés sous le nom de *P. curtum* par M. Gervais dans sa Paléontologie française ; nous lui rapportons avec doute l'animal du Puy signalé par M. Aymard comme voisin par sa dentition du *P. curtum* de Cuvier.

Terrain tertiaire à Ronzon près du Puy (Aymard).

G. **PLAGIOLOPHUS**. Pom. 5 *avril* 1847, *Sociét. géol. franç.; Juin* 1847, *Archives de Genève.* (Syn. *Paloplotherium*, Ow., 16 *juin* 1847, *Soc. géol. Lond.*)

Les molaires antérieures sont plus simples que chez les *Palæotherium*, et la première est caduque avec la dentition de lait ou peu après. Les molaires supérieures ont leurs collines plus obliques, de manière à présenter dans les germes beaucoup d'analogie avec celles des chevaux ; les inférieures ont le plus souvent une petite pointe ou tubercule en arrière. Toutes ont du cément très-épais. Les pieds ont les doigts latéraux plus réduits.

1. PLAGIOLOPHUS OVINUS, Nob. (*Palæotherium ovinum*, Aym.) Espèce un peu plus grande que la suivante et presque autant que le *Plagiolophus annectens*, Nob., caractérisée d'après M. Gervais par la persistance de

la première molaire inférieure et l'absence du tubercule postérieur des molaires de la même mâchoire.

Terrain tertiaire au Puy, dans les calcaires. (Aym.)

2. PLAGIOLOPHUS MINOR, Pom. (*Palæotherium minus*, G. Cuv.). Très-voisin par sa dentition du type de cette espèce, le fossile du Puy, auquel on doit attribuer le métatarsien signalé par M. Aymard, comme offrant des ressemblances avec celui des *Solipedes*, serait cependant un peu plus grand et pourrait bien constituer une espèce distincte.

Terrain tertiaire (*calcaire*) *au Puy* (Aymard.), *Paris*, *Péréal*.

Les autres espèces du genre sont :

3. PLAGIOLOPHUS TENUIROSTRIS, Nob. De la taille presque du précédent, dont il se distingue par les mandibules plus grêles et les canines plus minces.

Terrain tertiaire à Péréal.

4. PLAGIOLOPHUS ANNECTENS, Nob. (*Paloplotherium annectens*, Ow.).

Terrain tertiaire à Péréal, d'abord observé en Angleterre, à Headen-Hill.

T. DES LOPHIODIENS.

G. TAPIRUS. Briss.

1. TAPIRUS ARVERNENSIS, Croiz. et Job. (*Tapirus indicus*, Blainv. Ost.) Espèce voisine du *Tapirus ame-*

ricanus, dont elle a presque la taille; elle est caractérisée par la forme moins triangulaire et plus épaisse de la première molaire supérieure, par le raccourcissement de l'intervalle de cette dent à la troisième incisive et par le peu de développement de sa canine plus rapprochée de cette dernière dent.

Terrain pliocène d'alluvion ponceuse à Perrier.

2. TAPIRUS ELEGANS, Nob. (*Tapir. arvernensis*, Félix Robert.) Espèce plus petite de 1/7 à peu près que la précédente, caractérisée par des formes beaucoup plus grêles. Ce ne peut même être le *Tapirus monspeliensis* (figuré par Blainville et M. Gervais), car la série de ses molaires est plus étendue et cependant la branche osseuse de la mâchoire est beaucoup moins épaisse.

Terrain volcanique aux environs du Puy; Tonneil.

3. TAPIRUS POIRRIERI, Pom. Espèce près d'un quart plus petite que l'*Arvernensis*, ayant ses molaires inférieures très-étroites. Les os des membres sont plus grêles, moins cependant que dans l'*Elegans;* le *Métacarpien medius* est plus rétréci dans le haut et l'*Annulaire* plus robuste au contraire.

Terrain tertiaire à Vaumas.

F. DES PACHYDERMES ARTIODACTYLES.

T. DES SUILLIENS.

G. SUS. L.

1. SUS PRISCUS, M. Serres. Espèce voisine du *Sus scrofa*, dont elle diffère par moins de complication dans son arrière-molaire inférieure.

Cavernes de Châtelperron, Montaigut-le-Belin, Coudes, Tour-de-Boulade.

2. SUS ARVERNENSIS, Croiz. et Job. (*Sus provincialis?* Gerv.) Espèce de grande taille, caractérisée surtout par les nombreux plissements de l'émail des dents, qui donne aux disques d'usure de la couronne un contour ondulé; la dernière molaire inférieure est très-épaisse en avant, amincie en arrière, et a son talon proportionnellement moins grand que dans le *Sus scrofa*.

Terrain pliocène d'alluvion ponceuse à Perrier.

G. PALÆOCHŒRUS. Pom.

3|3 incisives, 1|1 canines, 7|7 molaires. Canines médiocres comprimées, un peu cultriformes, s'usant au sommet comme chez les *Pécaris*, et l'inférieure chassant la troisième incisive supérieure et échancrant un peu l'os intermaxillaire. Molaires formées à la couronne de paires de mamelons lisses, sans tubercules accessoires. Les tubercules internes des supérieures formant : la première, une sorte de colline obliquement transverse, la seconde ayant en outre un prolongement en arrière qui lui donne la forme d'un croissant embrassant le second mamelon externe. Les pieds ont quatre doigts. La tête est courte pour un *Suillien.*

1. PALÆOCHOERUS MAJOR, Pom. Espèce d'un bon tiers plus petite que le sanglier, à molaires épaisses, ayant leurs tubercules très-émoussés. La quatrième avant-molaire a son cône externe profondément échancré en deux tubercules égaux très-rapprochés; le talon de la dernière inférieure assez étroit est formé d'un tubercule central flanqué de trois ou quatre autres plus petits.

Terrain tertiaire à Langy.

2. PALÆOCHŒRUS WATERHOUSII, Nob. Espèce de fort peu plus petite que la précédente et dont les molaires sont plus étroites. Les supérieures ont les collines comprimées, les externes transversalement, les internes au contraire d'avant en arrière, la seconde étant tout à fait en forme de croissant. Les inférieures ont leurs tubercules plus élevés et plus coniques. La série des dents paraît avoir été moins serrée que dans l'espèce suivante. La quatrième avant-molaire a un talon simple assez long, formant une crête longitudinale; les trois antérieures sont

triangulaires comprimées, très-soulevées, sans denticule ni talon. La dernière arrière-molaire a le talon assez élevé et bituberculé.

Terrain tert. à Pérignat. (Coll. Croiz. *à Londres*).

3. PALÆOCHOERUS TYPUS, Pom. D'un quart plus petit que le *Major*, ses molaires supérieures sont plus courtes, toute la série des dents est beaucoup plus serrée et sans barre aucune. La quatrième avant-molaire supérieure a son tubercule externe légèrement échancré en deux mamelons inégaux peu séparés, excepté sur le jeune ; l'interne est très-isolé entouré d'un bourrelet bien distinct en dedans.

Terrain tertiaire à Langy, Pérignat.

4. PALÆOCHOERUS SUILLUS, Nob. Espèce d'un tiers plus petite que le *P. major* à fort peu près ; elle diffère du *P. typus* par sa quatrième avant-molaire supérieure, dont les deux tubercules sont plus réunis, l'externe étant dépourvu d'échancrure et très-simple. Le second mamelon externe des arrières-molaires n'a pas de bourrelet en dehors.

Terrain tertiaire à Langy.

G. HIPPOPOTAMUS. L.

1. HIPPOPOTAMUS MAJOR, Cuv. Espèce bien distincte de l'*H. amphibius*. Ses canines n'ont pas les côtes saillantes obliques que l'on observe sur celles du vivant.

Attérissement à Saint-Ivoine, Tormeil, Montaigut, Sainzelle près du Puy.

T. DES CHOEROIDIENS.

G. **ELOTHERIUM**. Pom. (Syn. *Entelodon*, Aym.).

3|3 incisives, 1|1 canines, 7|7 molaires. Avant-molaires toutes biradiculées, coniques, sans lobes basilaires, excepté la quatrième supérieure qui a deux cônes dont l'interne est très-développé, et l'inférieure correspondante pourvue d'un talon bordé d'un bourrelet en arrière. Les arrière-molaires supérieures ont deux collines transversales, divisées chacune en trois pointes; mais l'interne postérieure semble une dépendance du fort bourrelet qui entoure comme une couronne toute la dent. La seconde est plus grande que la première, et la troisième a sa colline postérieure fortement rétrécie; les molaires inférieures sont aussi formées de deux collines, divisées chacune en deux mamelons, dont les externes sont plus épais d'avant en arrière que les internes, et de ceux-ci le postérieur plus petit et moins saillant que l'antérieur. Il y a en outre un petit tubercule en arrière, dont le disque de détrition se confond avec celui du mamelon externe. Les mamelons externes s'usent plus vite que les internes, au moins sur la pièce qui nous sert de type, et il en résulte à un certain degré de détrition sur chaque colline un disque trilobé ou plutôt en forme de gourde, dont la panse serait fortement dilatée sous l'étranglement. La dernière n'a que les deux collines sans talon en arrière. Les canines ont leur racine conique.

1. ELOTHERIUM AYMARDI, Nob. (*Entelodon magnum,* Aym.). Dans cette espèce les six dernières molaires de la mandibule mesurent 0,196, le même espace étant 0,234 dans l'*E. magnum,* Pom.; c'est un peu plus d'un sixième de moins pour l'espèce de notre région. Dans celle-ci les arrière-molaires inférieures ont un bourrelet, qui manque à celles de l'autre espèce, où on ne voit qu'une sorte de petit gonflement peu marqué sans arête.

Terrain tertiaire à Ronzon près du Puy (Aymard).

2. ELOTHERIUM RONZONII, Nob. (*Entelodon ronzoni,* Aym.). Espèce un peu plus petite dont la troisième molaire inférieure a la couronne moins haute, plus large en arrière, avec des plis d'émail et des rugosités en avant et en arrière; mais cette espèce est encore peu certaine au sentiment même de l'auteur, qui l'a créée pour ainsi dire par prévision.

Terrain tertiaire à Ronzon près du Puy (Aymard).

G. ANTHRACOTHERIUM. G. Cuv. (*Cyclognathus,* Croiz., *nec* E. Geoff.).

3|3 incisives, 1|1 canines, 7|7 molaires, la première inférieure caduque de très-bonne heure. Les molaires supérieures ont deux collines peu profondément séparées, dont l'antérieure a trois pointes et la postérieure deux seulement; aux angles extérieurs de ces dents et du même côté entre les collines on trouve trois tubercules bien isolés, aigus. Les faces externes des collines sont plus ou moins planes et les mamelons pyramidaux. La dernière molaire inférieure a un fort talon faisant un troisième lobe.

1. ANTRACOTHERIUM MAGNUM, G. Cuvier. Grande espèce bien caractérisée par la forte apophyse du bord inférieur externe de sa mandibule.

Terrain tertiaire aux environs de Lamontgie près d'Issoire, Cournon, Chaufours, Vaumas, Digoin. Se trouve aussi à Moissac, à Cadibona.

2. ANTRACOTHERIUM CUVIERI, Pom. (août 1848) (Syn. *Antracotherium onoideum*, Gerv. 1850. *Ant. alsaticum?* G. Cuv.). Cette espèce un peu plus petite que la précédente s'en distingue par l'absence de toute apophyse en dehors de la branche horizontale de sa mandibule. Peut-être est-ce la même que l'*Alsaticum*, dont cependant la mandibule de jeune porte un épaisissement qui aurait pu se développer plus tard en apophyse.

Terrain tertiaire à St-Germain-Lembron; Orléanais.

G. ANCODUS, Pomel, juin 1847 ; *Hyopotamus*, Owen, novembre 1847 ; *Botriodon*, Aymard, 1848.

3|3 incisives, 1|1 canines, 7|7 molaires. Arrière-molaires supérieures très-nettement divisées en deux collines transverses, décomposées chacune en deux mamelons, dont l'antérieur interne est subdivisé en deux par une échancrure de sa face postérieure et qui ont leur face externe excavée fortement, surtout les extérieures. A l'angle antérieur est un tubercule creusé en dedans par un sillon qui prolonge celui du collet antérieur de la couronne ; à l'origine externe de la vallée transversale est un autre tubercule plus gros en forme de cône tronqué, en dedans duquel se prolonge le sillon du fond de la vallée. La troisième arrière-molaire inférieure a trois lobes, dont le dernier forme talon. Les deux mâchoires ont un fort diastème.

1. ANCODUS VELAUNUS, Nob. *(Antracotherium velaunum*, G. Cuv.; *Botriodon platyrynchus*, Aym.) Blainville a figuré pl. 3 une mandibule portant cinq molaires, qui avait servi de type à G. Cuvier pour son *Ant. velaunum*, et c'est à son espèce que nous réservons le même nom. Elle doit aussi comprendre le fragment de tête figuré pl. 1 par le même auteur. Ses caractères sont d'avoir le museau assez court, quoique très-allongé lorsqu'on le compare aux autres animaux de la même famille. La série des molaires

contiguës égale presque la moitié de la longueur totale du bord alvéolaire. La première molaire supérieure est séparée de la seconde par un intervalle égal à la longueur de la troisième, se trouvant à peu près au tiers postérieur du diastème.

Terrain tertiaire à Ronzon près le Puy, à Vaumas.

2. ANCODUS LEPTORYNCHUS, Nob. (*Botriodon leptorynchus*, Aym.; *Ancodus macrorhinus*, Pom.). Cette espèce a les arrière-molaires moins larges que la précédente, la tête très-étroite et très-allongée, car la série des molaires contiguës égale presque l'étendue de la barre, et la première molaire beaucoup plus avancée, est située au milieu de ce diastème. Les os des membres sont tous bien plus allongés et plus grêles que dans l'espèce précédente.

Terrain tertiaire à Ronzon, à Vaumas.

3. ANCODUS INCERTUS, Nob. Espèce douteuse plus grande que la première et reposant sur quelques molaires isolées peu différentes de celles des autres espèces.

Environs du Puy.

4. ANCODUS AYMARDI, Nob. (*Botriodon velaunus*, Aym.). Espèce beaucoup plus petite que les précédentes, et dont les caractères distinctifs nous sont peu connus.

Terrain tertiaire à Ronzon.

Les autres espèces aujourd'hui connues, mais étrangères à notre région, sont :

ANCODUS CRISPUS, Nob. (*Antracotherium crispum, Hyopotamus crispus*, Gerv.).

De Péréal.

ANCODUS BOVINUS, Pom. (*Hyopotamus bovinus*, Ow.).

De l'île de Wigth et du Soissonnais.

ANCODUS VECTIANUS, Pom. (*Hyopotamus vectianus*, Ow.).

De l'île de Wigth et du Soissonnais.

G. SYNAPHODUS. Pom. (nec syn. *Cyclognatus*, Croiz.).

Mandibule seule connue, ayant toutes ses dents presque en série continue, les arrière-molaires plus semblables à celles des ruminants, les avant-molaires marquées à la face interne de plis d'émail et d'arêtes; canine grêle de forme normale, par où le genre diffère des *Anoplotheriens*.

SYNAPHODUS GERGOVIANUS, Nob. (*Antracoth. gergovianum*, Croiz.; *Sinaphodus brachygnatus*, Pom.). Espèce de petite taille dont on aurait besoin de connaître les arrière-molaires supérieures pour la classer d'une manière précise. Le nom de *Cyclognatus* ne pouvait pas s'appliquer à cette espèce dont l'unique pièce connue est dépourvue de la partie angulaire de la mandibule. Pour M. Croizet il est synonyme d'*Antracotherium*.

T. DES ANOPLOTHÉRIENS.

G. **CÆNOTHERIUM**, Brav.; *Cyclognathus*, E. Geoff.; *Oplotherium*, Laiz. *et* Par.; *Microtherium*, H. Von Mey.

Dents en série continue, incisives supérieures de plus en plus saillantes de la troisième à la première, les inférieures très-proclives. Canine supérieure un peu plus saillante que les molaires. Arrière-molaires supérieures ayant deux collines à leur couronne, l'antérieure divisée en deux pointes, la seconde en trois pointes constituant le sommet de lames disposées en croissant. Avant-bras mobile sur l'humérus comme chez tous les vrais *Anoplothériens*; pieds à quatre doigts.

1. CÆNOTHERIUM LATICURVATUM, Pom. (*Cyclognathus laticurvatus*, E. Geoff.) Presque de la taille d'un petit lapin; profil droit jusqu'à l'origine de la crête sagittale. Frontaux presque plats, un peu déprimés au milieu et en avant vers la suture des os nasaux; ceux-ci rétrécis en arrière; bord supérieur de l'orbite touchant presque la ligne du profil; apophyses postorbitaires fortes et saillantes; os mandibulaire très-large, très-dilaté à l'apophyse angulaire.

Terrain tertiaire à Langy.

2. CÆNOTHERIUM METOPIAS, Nob. A peu près de

même taille. Profil de la tête droit jusqu'au-dessus du milieu des orbites. Frontaux fortement convexes en tout sens et séparés par une dépression longitudinale, surtout marquée vers la suture pariétale en raison de la saillie des crêtes temporales avant de se réunir; os nasaux non rétrécis en arrière; orbites moins étendus, plus abaissés sur les côtés de la face, leurs apophyses frontales fortement courbées et peu saillantes; étranglement postorbitaire du crâne bien plus fort.

Terrain tertiaire à Langy.

3. CÆNOTHERIUM COMMUNE, Brav. (*Cœnoth. laticurvatum*, Blainv.) Un peu plus petit que le précédent; sa tête est plus allongée, la partie droite de la ligne supérieure du profil plus prolongée en arrière sur les pariétaux qui sont plus élevés. Le front est moins convexe que dans le *Metopias*, plus que dans le *Laticurvatum*; il a une dépression longitudinale qui prolonge celle des os nasaux jusqu'au milieu de sa longueur.

Terrain tertiaire à Cournon, Chaptuzat? au Puy.

4. CÆNOTHERIUM ELEGANS, Pom. Presque de la taille du *C. commune* dont il a à peu près le profil de la tête; mais celle-ci est plus large, le front est fortement convexe en tout sens, excepté près de la suture nasale, où il est un peu déprimé. Les crêtes temporales sont fort peu marquées à leur origine et le front semble se continuer dans les pariétaux. L'é-

chancrure des palatins est aussi plus profonde, atteignant la hauteur de l'avant-dernière molaire, et elle est très-étroite. Membres grêles.

Terrain tertiaire à Langy.

5. CÆNOTHERIUM LEPTOGNATUM, Nob. (*Oplotherium leptognatum*, Laiz. *et* Par. *C. metopias*, Pom.) Taille des deux précédentes espèces; profil supérieur du crâne concave en avant de l'orbite, ce qui fait paraître le front très-convexe; il est du reste bombé en tous sens au-dessus des apophyses postorbitaires, toute la partie crânienne est comme relevée et la mandibule a son bord coronoïdien presque perpendiculaire sur la branche horizontale, tandis qu'il est oblique dans les autres espèces. Les ossements sont un peu plus petits que ceux du *Commune*.

Terrain tertiaire à Chaptuzat, Cournon.

6. CÆNOTHERIUM GEOFFROI, Nob. Cette espèce encore peu connue est plus petite que toutes les précédentes, n'ayant que les 4/5 de la dernière; son os mandibulaire est plus étroit et ses proportions sont assez grêles. Nous ne connaissons encore aucune partie du crâne.

Terrain tertiaire à Langy, Cournon.

7. CÆNOTHERIUM GRACILE, Pom. Très-petite espèce, remarquable par l'étroitesse de son os mandibulaire, sa grande dilatation angulaire et le grand volume proportionnel de ses molaires. L'apophyse

géni est assez forte et visible dans le profil ; sa tête est aussi inconnue.

Terrain tertiaire à Vaumas.

Obs. Les *Cænotherium* du Puy, que nous n'avons pas vus, pourraient peut-être appartenir au sous-genre *Hyægulus*, Pom., trouvé à Péréal, dont la faune a une certaine analogie avec celle miocène de la Haute-Loire.

F. DES COLLODACTYLES.

T. DES TRAGULIENS.

G. **LOPHIOMERIX**. Pom.

Mâchoire inférieure comprenant sept dents molaires et quatre incisives devant une barre assez courte. Première avant-molaire petite, un peu séparée des autres, les trois suivantes très-dilatées ; arrière-molaires assez différentes de celles des *Ruminants*, pour se rapprocher un peu de celles des *Chæroïdiens*. Le croissant externe du premier lobe est réuni à l'interne en arrière, pour former une sorte de colline transverse, tandis qu'en avant ils sont très-séparés ; l'interne, très-court, ne forme qu'un tubercule et ne ferme pas la vallée de manière à produire une forme analogue à celle des dents inférieures des *Lophiodons*. Le second lobe présente la même structure mais en sens inverse, sa vallée étant ouverte en arrière mais beaucoup moins cependant que l'antérieure, à cause du plus fort développement du tubercule interne et du prolongement interne de l'arête du croissant externe. La dernière arrière-molaire a un troisième lobe assez développé. On observe dans le *Dorcatherium naui*, Kaup. une structure analogue, mais dans celui-ci les croissants sont moins oblitérés et la première paire n'est pas ainsi réunie en colline transverse.

1. LOPHIOMERYX CHALANIATI, Nob. Espèce à peu près de la taille du *Dorcatherium naui*, et dont la mandibule montre à peu près les mêmes proportions. Les dents supérieures nous sont inconnues.

Terrain tertiaire à la Sauvetat (M. de Chalaniat); *à Cournon* (*coll.* Croizet *à Londres*); *nous l'avons aussi observée dans les terrains calcaires de Saint-Martin de Castillon près d'Apt.*

G. DREMOTHERIUM, E. Geof.; *Palæomeryx*. H. Von Meyer; *Elaphotherium*, Croiz., *Catal. mssc.*

6|6 molaires; première avant-molaire supérieure comprimée, tranchante, dépourvue de talon interne; seconde ayant en dedans un rebord saillant assez développé; troisième à deux croissants. Arrière-molaires semblables à celles des chevrotains. La face externe porte au premier lobe un fort repli d'émail en forme d'arête obtuse, et une surface plane au second lobe. Les avant-molaires inférieures ont toutes la même forme, subtrilobée, amincie en avant, épaissie au contraire en arrière, où le troisième lobe formant talon a deux replis transversaux d'émail. Les arrière-molaires inférieures ressemblent à celles des *Tragulus*. Une arête, partant du sommet du croissant antérieur externe, descend obliquement au fond du repli d'émail entre les deux convexités. Ces dents et leurs correspondantes supérieures ont le petit tubercule entre les convexités comme les cerfs. La barre est très-allongée ; elle était en partie occupée par une forte canine supérieure, saillante et comprimée.

L'os péronien est libre, non soudé au tibia comme chez les *Tragulus* ; les extrémités supérieures des métacarpiens et métatarsiens latéraux, soudés au canon, sont de courts stylets dont les sutures sont toujours distinctes. Les canons ont à peu près les mêmes proportions que chez les cerfs, la même forme, excepté que la face postérieure est plus ou moins plane, et que les poulies sont proportionnellement plus épaisses.

1. DREMOTHERIUM TRAGULOÏDES, Nob. Grande espèce, dont la série des molaires inférieures est longue de 0,074 ; la seconde et la troisième avant-molaires ont une arête interne au lobe antérieur.

Terrain tertiaire à Langy.

2. DREMOTHERIUM FEIGNOUXI, E. Geoff. Espèce un peu plus petite dont la série des molaires inférieures mesure 0,064. La seconde et la troisième avant-molaires n'ont pour ainsi dire pas d'arête in-

terne au lobe antérieur. Les os des membres, quoique un peu plus courts que ceux de l'espèce précédente, sont un peu plus épais.

Terrain tertiaire à Langy, Cournon, aux Chaufours.

G. **AMPHITRAGULUS**, Pom. (non Croiz.) *Moschus*, Croizet. *Tragulotherium*, Croiz., *Catal.* ex Gerv.)

6|7 molaires. Les avant-molaires supérieures ont leurs lames plus épaisses que dans le genre précédent, et sont marquées, à la face externe, de convexités en forme de côtes saillantes plus épaisses; la première a en dedans une simple crête épaissie au milieu; la seconde a un vrai croissant interne peu épais. Les inférieures sont moins distinctement trilobées et plus raccourcies, surtout la quatrième; le talon est moins épaissi et ses arêtes internes peu développées. La première est plus ou moins rapprochée des suivantes, uniradiculée ou portée par deux racines connexes. Les arrière-molaires supérieures ont leurs lames plus épaisses et les côtes bien marquées sur le milieu de la face externe de leurs deux lobes; les inférieures ont à la pointe antérieure interne les lobules à peine marqués. La barre est très-courte, les canines sont très-longues, et le reste de l'ostéologie est à peu près comme dans le genre précédent. Les os du nez sont étroits, s'avançant sur le frontal presque jusqu'au-devant de l'orbite. Le crâne se relève un peu sur la partie postérieure des frontaux. Les intermaxillaires nous sont inconnus.

1. AMPHITRAGULUS ELEGANS, Pom. Espèce à peu près de même taille que le *Dremotherium Feignouxi;* la première avant-molaire supérieure a l'arête de sa base interne très-épaissie en forme de talon ; la seconde a son croissant interne également très-épaissi au milieu et faisant gibbosité. Le front est légèrement convexe entre les orbites. Ceux-ci ont leur bord inférieur comme replié en dehors en forme de lame très-saillante et mince.

Terrain tertiaire à Langy.

2. AMPHITRAGULUS LEMANENSIS, Nob. Espèce un peu plus petite que la précédente; les deux premières fausses molaires n'ont pas de gibbosité à l'arête ou au croissant interne, qui sont peu épais. Le front a une concavité ou plutôt une dépression entre les orbites. La partie inférieure du cadre de ceux-ci est formée par une lame non saillante, dont le bord se trouve presque sur le même plan que la partie inférieure du maxillaire.

Terrain tertiaire à Langy.

3. AMPHITRAGULUS COMMUNIS, Aym. (*Antracotherium minutum,* Blain.) Plus petite que la précédente, cette espèce est caractérisée par la forme très-obtuse des cônes internes des arrière-molaires inférieures, et par la large ouverture des vallées qui

séparent les deux pointes de chaque colline des arrière-molaires supérieures.

Terrain tertiaire à Ronzon près du Puy (Aymard).

4. AMPHITRAGULUS BOULANGERI, Nob. Espèce un peu plus grande que le *Chevrotain* des îles de la Sonde, et dont les avant-molaires inférieures sont assez dilatées et trilobées. La barre est très-courte.

Terrain tertiaire à Langy.

5. AMPHITRAGULUS MEMINOIDES, Nob. De taille à peine inférieure à la précédente, cette espèce s'en distingue par le volume bien moindre des avant-molaires inférieures plus raccourcies. La barre, à peu près de même longueur proportionnelle, est aussi bien plus grêle.

Terrain tertiaire à Langy.

6. AMPHITRAGULUS GRACILIS, Nob. Espèce beaucoup plus petite et dont les os des membres sont très-grêles; presque aussi longs que ceux de l'espèce précédente, ils n'ont que les deux tiers de leur épaisseur.

Terrain tertiaire à Langy.

NOTA. Plusieurs *Amphitragulus* ont été trouvés sur d'autres points de la vallée de l'Allier, à Chaptuzat, à Cournon, aux Chaufours, à Chidrac, etc. Mais les fragments que nous avons pu étudier étaient trop incomplets pour être déterminés rigoureusement; quelques-uns paraissaient appartenir à l'une des premières espèces.

T. DES CERVIENS.

G. CERVUS.

S.-G. CATAGLOCHIS. (Croiz. et Job.)

SECT. TARANDUS.

Un ou deux andouillers basilaires, l'inférieur quelquefois nul, médian dirigé en arrière ; bois irréguliers, dont les andouillers sont quelquefois rameux, tous comprimés et lisses.

1. CERVUS GUETTARDI, G. Cuv. Peu différent du *Cervus tarandus*, L.

Tour-de-Boulade, Neschers, Saint-Yvoine, Coudes, Chatelperron.

S. PLATYCEROS.

Andouiller basilaire; bois comprimés, élargis dans l'empaumure ; andouiller médian antérieur ou nul.

2. CERVUS SOMONENSIS, G. Cuv. Caractérisé par un fragment d'empaumure, insuffisant pour une détermination précise.

Attérissement à Gergovia (Col. Croizet à Paris.)

3. CERVUS ROBERTI, Nob. (*Cervus dama polignacus*, F. Robert.) Andouiller basilaire prolongeant pour ainsi dire le merrain en avant, tellement il est proclive ; pas de médian, empaumure aplatie portant les andouillers à son bord postérieur.

Polignac près du Puy.

S. STRONGYLOCEROS.

Andouiller basilaire, médian antérieur, les autres plus ou moins nombreux, merrain rond.

4. CERVUS INTERMEDIUS, M. Serres (*Strongyloceros spæleus*, Ow., *Cervus Regardi?* Croiz.). Ce cerf, voisin de l'*Elaphe*, s'en distingue par la rugosité de l'émail de ses molaires, le grand développement de son bois dont l'empaumure ne forme pas couronne, ce qui le rapproche du cerf du Canada.

Attérissement à la Tour-de-Boulade, à Champeix, caverne de Châtelperron; dans les scories à St-Privat-d'Allier; au Regard.

5. CERVUS MACROGLOCHIS, Nob. Merrain grêle, peu rugueux, rond, médiocrement courbé, à convexité générale regardant en arrière; un seul andouiller basilaire, le médian peu élevé, les autres étagés sur le bord antérieur de la perche au nombre de deux à quatre; sommet simple, tous les andouillers très-allongés, plus ou moins perpendiculaires au merrain; l'inférieur très-proclive, faisant un angle très-obtus avec la perche, qui est fortement couchée en arrière.

Terrain d'alluvion ancienne aux Peyrolles près d'Issoire.

6. CERVUS PERRIERI, Croiz. et Job. Perches peu divergentes, rondes, sillonnées et assez grêles; andouiller basilaire court et dressé; le médian antérieur

très-élevé, plus long, et formant avec la perche un angle semblable peu obtus ; troisième postérieur interne médiocre moins éloigné du médian, plus court que la pointe qui termine le bois. Sur les perches de très-vieux sujets on trouve un quatrième petit andouiller naissant du bord antérieur. Ce bois est remarquable par les courbures angulaires du merrain aux naissances d'andouillers, et sa rectitude dans leurs intervalles.

Terrain pliocène d'alluvion ponceuse à Perrier.

7. CERVUS ISSIODORENSIS, Croiz. et Job. Bois peu sillonné, très-robuste, présentant une double courbure dont les deux convexités regardent en arrière un peu en dehors. Premier andouiller basilaire, médiocre, ayant une courbe régulière, qui se prolonge même au-delà de l'aisselle sur le merrain ; cette aisselle porte toujours un tubercule plus ou moins fort, qui grossit chez les vieux. Second andouiller médian, antérieur un peu moins divergent et presque aussi fort ; troisième dirigé en dehors, égalant la pointe avec laquelle il forme une fourche peu ouverte. Nous n'avons jamais vu plus de trois andouillers à cette espèce, même sur des individus dont le raccourcissement de la meule et la forte saillie du tubercule de l'aisselle du basilaire indiquaient le grand âge.

Terrain pliocène d'alluvion ponceuse à Perrier.

S. RUSA.

Deux andouillers seulement, le basilaire et le médian.

8. CERVUS ETUERIARUM, Croiz. et Job. Perches vues de face formant une double courbure un peu convexe en bas, et fortement concave vers le haut par convergence des pointes; merrain peu sillonné presque lisse, grêle, rond; andouillers très-courts, d'égale grosseur, coniques, assez divergents; le basilaire très-épais à la base et élargissant fortement le cercle de pierrure; le second situé au milieu de la perche sur le bord antérieur, sous le point le plus saillant de la convexité.

Terrain pliocène d'alluvion ponceuse à Perrier.

9. CERVUS PARDINENSIS, Croiz. et Job. Perches peu courbées, rondes, un peu sillonnées; andouiller médian antérieur formant avec la pointe un angle assez aigu, ayant presque la moitié de la longueur de cette pointe; andouiller basilaire à peu près semblable et également peu divergent, ayant son aisselle assez élevée au-dessus du cercle de pierrures et ne paraissant naître qu'un peu au-dessus de la base.

Terrain pliocène d'alluvion ponceuse à Perrier (creux de traverse).

10. CERVUS RUSOÏDES, Nob. (*C. etueriarum,* var. Croiz.). Bois vu de face assez courbé en dehors pour

former une portion d'ovale comme dans le *C. etueriarum;* l'andouiller basilaire un peu plus divergent est plus long. Le médian est antérieur, très-allongé, égalant la pointe, qui, vue de profil, est concave en avant, et non rectiligne, comme dans le terme de comparaison, qui a la même longueur de bois. Merrain rond, presque lisse, moins grêle.

Terrain pliocène d'alluvion ponceuse à Perrier.

11. CERVUS AMBIGUUS, Nob. Cette espèce a l'andouiller inférieur encore plus élevé sur la base que le *Pardinensis*, au point qu'on pourrait presque le placer dans une autre section; mais la décurrence de l'andouiller atteignant cette base, on peut encore le considérer comme basilaire; il est assez long, bien divergent et recourbé à la pointe. Le merrain est rond, marqué de quelques côtes et fortement courbé en arrière à la hauteur de l'aisselle du premier andouiller. Il est droit jusqu'au médian, qui est assez court, très-peu divergent et situé sur le bord antérieur.

Alluvion très-ancienne aux Peyrolles, près d'Issoire.

S.-G. ANOGLOCHIS. Croiz. et Job.

S. POLYCLADUS.

Pas d'andouiller basilaire, plus de deux pointes à l'empaumure, premier andouiller antérieur.

12. CERVUS ARDEUS, Croiz. et Job. Grande espèce peu connue, dont les meules se touchent presque à leur base sur le frontal, surtout caractérisée par une grosse pointe pyramidale insérée sur l'andouiller surbasilaire plus ou moins près de son aisselle et dirigée en dedans.

Nous lui attribuons, mais avec doute, parce que les meules sont beaucoup plus séparées, d'autres bois peut-être d'individus jeunes qui ont aussi une pointe moins développée sur l'andouiller surbasilaire, et dont l'empaumure un peu dilatée porte deux, trois ou quatre pointes rapprochées, toutes dirigées en avant sous forme de digitations. Le merrain, dans l'intervalle des deux groupes d'andouillers, est un peu courbé à convexité regardant en arrière ; vues de face, les deux perches sont médiocrement divergentes, presque droites, excepté au sommet, qui se courbe un peu en dedans. Merrain rond, peu sillonné.

Terrain pliocène d'alluvion ponceuse à Perrier.

13. CERVUS CLADOCERUS, Nob. Perches très-divergentes à la base, de moins en moins au sommet, fortement flexueuses aux insertions des premier et second andouillers ; vues de profil, elles ont en arrière une forte concavité derrière le premier andouiller et une convexité encore plus forte sous le second, puis le reste est rectiligne. Le merrain est rond, peu sillonné ; premier andouiller assez fort, courbé et redressé au sommet ; le second, un peu

aplati, commençant l'empaumure, est fourchu; sa pointe inférieure se développe la seconde et est crochue; la supérieure est droite, dressée, et semble devoir porter une troisième pointe, dont il y a un rudiment sur plusieurs sujets que nous avons observés. Deux ou trois autres andouillers ronds, courts et plus ou moins divergents, naissent tous comme le second du bord antérieur du merrain.

Terrain pliocène d'alluvion ponceuse à Perrier.

14. CERVUS RAMOSUS, Croiz. et Job. (*C. Polycladus*, Gerv.). Si la restauration de la perche de cette espèce était exacte, le bois décrirait une sorte d'ovale tronqué, chaque merrain vu de face ayant presque dans toute sa longueur une courbure générale qui rend les pointes convergentes à partir du second andouiller. L'espèce est caractérisée par l'aplatissement de son merrain qui est finiment et assez profondément canelé. Le premier andouiller est médiocre, assez divergent, le second semble commencer une série de dentelures d'autant plus petites qu'elles sont plus terminales, naissant sur le bord antérieur du merrain, qui est plus dilaté, leur base étant ellemême élargie. La plus inférieure, presque aussi forte que l'andouiller surbasilaire, est bien moins divergente ; la plus supérieure (5e ou 6e) n'est souvent qu'un tubercule surmonté par la pointe du merrain.

Terrain pliocène d'alluvion ponceuse à Perrier.

S. CAPREOLUS.

Pas d'andouiller basilaire, un surbasilaire antérieur. Un second andouiller ordinairement postérieur, faisant fourche avec la pointe.

15. CERVUS SOLILACUS, F. Robert. Bois assez semblable à ceux du chevreuil, mais dans des proportions presque gigantesques. Andouiller inférieur situé au-dessus du milieu de la hauteur; le second inséré en arrière, peu au-dessus du premier, est plus divergent. La pointe du merrain est dirigée un peu en avant et en haut; vu de profil, le bois est convexe en arrière dans la plus grande partie de sa longueur, en sorte que le sommet revient un peu en avant; vu de face, il paraît presque droit, les deux perches étant fort peu divergentes.

Terrain pliocène? à Solilhac près du Puy.

16. CERVUS CUSANUS, Croiz. et Job. Perches assez rapprochées à la base, faisant entr'elles un angle de 40°. Premier andouiller assez divergent en avant, second postérieur peu distant du premier, aussi long, mais plus mince, très-divergent de la pointe, qui revient fortement en avant, et est plus longue que l'andouiller; merrain non comprimé, presque rond. Bois peu différent par la taille de celui du chevreuil, mais plus grêle, peu rugueux, à premier andouiller plus rapproché de la base.

Terrain pliocène d'alluvion ponceuse à Perrier.

17. CERVUS LEPTOCERUS, Nob. Espèce à bois très-grêles, à premier andouiller peu élevé au-dessus de la base ; à second andouiller, au contraire, très-éloigné du premier, dirigé en arrière et égalant presque la pointe qui revient en avant; merrain peu sillonné, presque rond, présentant, vu de profil, une convexité postérieure.

Terrain pliocène d'alluvion ponceuse à Perrier.

18. CERVUS PLATYCERUS, Nob. Perches aussi grandes que dans le *Cusanus*. Merrain très-comprimé. Andouiller inférieur situé presque au milieu de la longueur du bois peu divergent et continuant le bord antérieur du merrain sans concavité sous son insertion ; second postérieur plus court que la pointe, continuant la courbure générale concave du bord postérieur du merrain, dont l'extrémité est dans l'axe général et ne revient pas en avant. Dans les vieux, cette pointe et l'andouiller supérieur sont fourchus, et le bois, très-dilaté à sa partie supérieure, se termine par quatre pointes courtes, la perche étant en même temps moins longue que celles dont les pointes sont simples.

Terrain pliocène d'alluvion ponceuse à Perrier.

19. CERVUS FURCIFER, Nob. Bois ayant beaucoup d'analogie avec le précédent dans l'andouiller inférieur, qui est ici unique et plus près de la base. La pointe du merrain est un peu comprimée, une fois plus longue que l'andouiller.

Terrain pliocène d'alluvion ponceuse à Perrier.

Obs. Le *Cervus croizeti* ou *borbonicus*, Croiz., nous paraît être un jeune *ramosus* ou *polycladus*, qui n'a encore que deux andouillers. Les *Cervus neschersensis*, *vialeti*, *privati* ne nous paraissent pas possibles à caractériser, en raison de la mutilation des pièces, du reste non caractéristiques, sur lesquelles ils reposent. Le *C. arvernensis* est connu par des bois trop irréguliers pour ne pas être anomaux; l'espèce est incertaine.

T. DES ANTILOPIENS.

G. ANTILOPE. L.

1. ANTILOPE ANTIQUA, Nob. Espèce connue seulement par un fragment de maxillaire avec dents de jeune âge, indiquant une taille un peu supérieure à celle d'un mouton.

Terrain pliocène d'alluvion ponceuse à Perrier.

2. ANTILOPE AYMARDI, Nob. Autre espèce dont les cornes sont inconnues, et qui paraît avoir eu une taille un peu supérieure à celle d'un bouc.

Attérissement à la Tour-de-Boulade, plusieurs gîtes des environs du Puy.

3. ANTILOPE INCERTA, Nob. Indiquée par un seul fragment de corne un peu courbée en dehors et de forme assez particulière.

Brèche de Coudes.

G. OVIS. L.

1. OVIS PRIMÆVA, Gerv. Nous attribuons à cette espèce, jusqu'à vérification, plusieurs fragments trop incomplets pour être déterminés.

Caverne à Châtelperron, brèche de Coudes.

G. CAPRA. L.

1. CAPRA ROZETI, Pom. Grande espèce qui a beaucoup d'analogie avec les chèvres par sa dentition, mais qui en diffère aussi par quelques détails de structure des arrière-molaires. Les dents des *Antilopes* présentant une grande variation de forme, il ne serait pas impossible qu'on dût rapporter cette espèce à ce dernier genre. Les cornes seules peuvent confirmer cette détermination ; elles sont encore inconnues.

Alluvion très-ancienne à Malbatu.

G. BOS. L.

1. BOS PRIMIGENIUS, Blum. Grande espèce à front comme le *Taurus*, dont il diffère par des formes excessivement trapues.

Tour-de-Boulade, Champeix, Aubière, Hauterive près Vichy, Châtelperron.

Faudra-t-il en distinguer un bœuf de la Haute-Loire dont nous avons vu un fragment de *Méta-*

carpien indiquant une grosseur semblable, mais dont la longueur peut être différente (*Bos velaunus*, F. Robert)?

Alluvion sous-volcanique à Cussac.

2. BOS ELATUS, Croiz. Espèce d'*Auroch* à membres très-grêles, à cornes médiocres, très-courbées, dont les molaires inférieures ont un tubercule bien développé au milieu de la base interne, à l'opposé de l'intervalle des convexités.

Terrain pliocène d'alluvion ponceuse à Perrier.

4. BOS ELAPHUS, Nob. (*Bos elatus minor*, Croiz.). Cette espèce offre à peu près les mêmes formes que la précédente, mais une taille plus petite de près d'un tiers, avec encore un peu plus de gracilité dans ses membres.

Terrain pliocène d'alluvion ponceuse à Perrier.

4. BOS PRISCUS, Schlot. Espèce très-voisine de l'*Auroch* à laquelle nous attribuons quelques débris peu caractéristiques, mais indiquant un animal assez élancé.

Alluvion ancienne aux Peyrolles, à Tormeil, Anciat.

S.-C. DES MARSUPIAUX.

O. DES SARCOPHAGES.

G. HYÆNODON, Laiz. et Par.

Ce genre a 3|3 carnassières et 3|4 avant-molaires. Les incisives en trois paires à chaque mâchoire ; la tuberculeuse supérieure semble manquer, par où il diffère des *Pterodon* ainsi que par ses carnassières supérieures, sans talon interne, la dernière inférieure en étant aussi dépourvue en arrière. Le *Hyœnodon* est plus voisin des *Monodelphes* que le *Pterodon*, et ressemble beaucoup, par ses carnassières supérieures, à un nouveau genre fossile évidemment *Didelphe*, découvert en Australie (Tasmanie ?).

1. HYÆNODON LEPTORYNCHUS, Laiz. et Par. Espèce à mandibule très-allongée et fortement courbée en bateau. Les deux premières avant-molaires sont fortement isolées ; la quatrième n'a pas de talon ni de denticule en avant ; la dernière carnassière a une dilatation de son bord postérieur sous forme de talon. La série dentaire mesure 0,110.

Terrain tertiaire à Cournon, la Sauvetat, au Puy.

Dans cette dernière localité, M. Aymard a signalé des individus plus grands qui ont 0,128 de longueur de la série dentaire.

2. HYÆNODON LAURILLARDI, Nob. Espèce plus

petite dont l'os de la mâchoire inférieure est moins courbé, dont la quatrième avant-molaire a un denticule basilaire antérieur ; les deux premières carnassières ont leur talon plus petit, et la dernière n'a pas de dilatation à la base du bord postérieur ; la série dentaire ne mesure que 0,080.

Terrain tertiaire à Antoing près d'Issoire.

Obs. Les autres espèces d'*Hyænodon* sont assez nombreuses.

3. HYÆNODON BRACHYRYNCHUS, Duj., Blainv.

Terrain tertiaire à Rabastein (*Tarn-et-Garonne*).

4. HYÆNODON PARISIENSIS, Laur. (*Taxotherium*, Part., Blainv.).

Terrain tertiaire gypseux à Paris.

5. HYÆNODON MINOR, Gerv.

Terrain tertiaire à Alais et à Péréal.

6. HYÆNODON REQUIENII, Gerv.

Terrain tertiaire à Péréal.

Les PTÉRODON, Blainv., comprennent :

1°. PTERODON DASYUROÏDES, Blainv.

Terrain tertiaire gypseux à Paris.

2°. PTERODON CUVIERI, Nob. Espèce de la même taille à peu près que la précédente, dont elle diffère par des détails de forme de ses molaires supérieures.

Terrain tertiaire à Péréal.

3°. PTERODON COQUANDI, Nob. Espèce un peu plus petite, différant de la précédente par sa tuberculeuse plus étroite.

Terrain tertiaire à Péréal.

O. DES ENTOMOPHAGES.

F. DES DIDELPHIDES.

G. DIDELPHIS. L.

SECTION DES MICOUREUS, Less.

Les caractères de cette section sont : plus d'acuïté dans les pointes de la couronne des arrière-molaires supérieures ; seconde avant-molaire inférieure plus petite que la troisième. Ces particularités qui avaient servi à M. Aymard, pour la création d'un genre nouveau, se retrouvent dans plusieurs espèces de *Didelphes* vivants du groupe de la *Marmose.*

1. DIDELPHIS ARVERNENSIS, Gerv. (*D. Bertrandi*, Gerv. ; *D. elegans*, Aym.). Espèce de la taille du *parisiensis* par les mâchoires, mais ayant les os des membres un peu plus courts.

Terrain tertiaire à Langy, Cournon, Chaufours, La Sauvetat, le Puy.

2. DIDELPHIS CRASSA, Aym. (*D. Blainvillei*? Gerv.). Espèce un peu plus grande, à membres plus robustes.

Terrain tertiaire au Puy.

3. DIDELPHIS ANTIQUA, Nob. (*Centetes antiquus*, Blainv., Ost. icone; *Did. Blainvillei*, Gerv. ?).

Terrain tertiaire à Cournon.

4. DIDELPHIS LEMANENSIS, Nob. Espèce à peine plus forte que la *Marmose*, ayant ses dents à couronne peu saillante.

Terrain tertiaire à La Sauvetat.

5. DIDELPHIS MINUTA, Aymard. D'un sixième plus petite que la *Marmose*.

Terrain tertiaire au Puy.

C. DES OISEAUX.

Nous ne les citons ici que pour mémoire, parce que leur détermination est encore à faire, et que nous n'avons eu ni le temps ni les matériaux nécessaires pour tenter un travail aussi difficile. Tout ce que nous pouvons en dire, c'est que les genres *Phœnicopterus*, *Anas* et *Ardea* ont pu être reconnus dans les terrains tertiaires, ainsi peut-être qu'un oiseau voisin des *Numenius*. Il y a en outre des Rapaces, des Gallinacés et beaucoup d'espèces appartenant aux mêmes familles que les genres précédents.

Un grand gallinacé, dont le tarse éperonné indique une taille au moins aussi forte que celle du paon, a été trouvé dans les alluvions ponceuses pliocènes de Perrier.

Le gîte de Coudes a fourni aussi beaucoup d'espèces encore non étudiées.

Les matériaux d'une faune ornithologique fossile du bassin de l'Allier, sont recueillis avec zèle par M. de Chalaniat, qui, nous l'espérons, pourra combler un jour la lacune que nous laissons aujourd'hui dans notre Catalogue des vertébrés fossiles.

C. DES REPTILES.

O. DES CHÉLONIENS.

F. DES CHERSITES.

G. TESTUDO. Brong.

1. TESTUDO HYPSONOTA, Nob. (*Test. gigantea*, Brav., non Schwing). Espèce aussi grande que l'*Elephantina*, dont elle diffère par les pièces marginales recouvrant les ouvertures antérieure et postérieure qui sont très-élevées au-dessus du plan du plastron, tandis que les latérales descendent jusqu'à ce niveau, et surtout par la carapace, plus courte et plus bombée. Longueur 0,8, largeur 0,6, hauteur 0,4.

Terrain tertiaire à Bournoncle-St-Pierre, Langy.

2. TESTUDO LEMANENSIS, Brav. Espèce un peu plus petite, beaucoup moins bombée, plus allongée, et remarquable par l'abaissement du bord des pièces marginales postérieures jusqu'au niveau du plastron,

ce qui fait supposer que celui-ci était un peu mobile dans la dernière paire de pièces, comme dans les tortues bordée et mauresque : longueur 0,56, largeur 0,37, hauteur 0,21.

Terrain tertiaire à Cournon, Langy.

G. PTYCHOGASTER. Pom.

Plastron en deux pièces : l'antérieure soudée à la carapace ; la postérieure, comprenant les deux paires, mobile sur un axe situé au milieu de l'intervalle des échancrures pour le passage des membres antérieurs et postérieurs. Il en est résulté que la quatrième paire d'écailles est beaucoup moins grande, ne dépassant pas la partie mobile, tandis que la troisième s'est augmentée de la même quantité. Les écailles du plastron sont au nombre de douze. On compte vingt-cinq écailles marginales, y compris la première de la série dorsale qui est très-petite. Les côtes sont presque parallèles, et l'alternance de dilatation et de contraction de leurs extrémités est à peine perceptible. Les première, troisième et cinquième côtes s'articulent à trois pièces vertébrales ; les seconde et quatrième à une seule, et les postérieures irrégulièrement à une ou à deux. On compte douze pièces dans la série vertébrale, y compris les marginales. La carapace s'abaisse en arrière, beaucoup au-dessous du plan du plastron qui ferme l'ouverture postérieure assez exactement, et cependant la hauteur est sensiblement plus grande en avant.

1. PTYCHOGASTER VANDENHECKII, Nob. Espèce la plus grande connue du genre, de forme allongée, ayant la première grande écaille du dos oblongue aussi large en arrière qu'en avant; la ligne supérieure du profil de la carapace monte obliquement en avant, reste à peine convexe sur une grande longueur du dos, puis redescend brusquement et rapidement au bord postérieur. La longueur est 0,28, la largeur 0,18, la hauteur au-dessus de l'articulation du plastron 0,115 (très-vieux).

Terrain tertiaire à Langy, Chaptuzat.

2. PTYCHOGASTER EMYDOIDES, Pom. Espèce plus petite, peu différente pour sa forme générale allongée, cependant moins élevée dans la partie postérieure; les limites des écailles du bord antérieur sont anguleuses; la première grande écaille dorsale est bien plus large en avant qu'en arrière, et la première costale est devenue par suite plus triangulaire, à sommet antérieur arrondi. La ligne postérieure du profil de la carapace descend moins rapidement en arrière. Longueur 0,175, largeur 0,120, hauteur 0,065 (peu âgé).

Terrain tertiaire à Langy.

3. PTYCHOGASTER ABREVIATA, Nob. Cette espèce a la première grande plaque dorsale à peine plus large

en avant qu'en arrière. Sa carapace est plus large, moins allongée, et la ligne supérieure de son profil est plus régulièrement convexe et pas plus oblique en arrière qu'en avant; vue par-dessus, ses bords latéraux sont plus arrondis en dehors. Longueur 0,19, largeur 0, 155, hauteur 0,085 (assez vieux).

Terrain tertiaire à Langy.

F. DES ELODITES.

G. CHELYDRA, Fitz.

1. CHELYDRA MEILHEURATIÆ, Nob. Cette espèce, de taille médiocre, avait son plastron encore plus étranglé que le fossile du même genre, d'Oningen; elle en différait aussi par quelques autres particularités moins importantes qu'un dessin seul pourrait faire saisir.

Terrain tertiaire à Vaumas, aux Chaufours, aux environs de Chignat (Coll. Lecoq).

F. DES POTAMITES.

G. TRIONYX, E. Geof.

1. TRIONYX, ... Espèce indéterminable.

Terrain tertiaire à Vaumas.

O. DES SAURIENS.

F. DES CROCODILIENS.

S.-G. DIPLOCYNODUS, Pom.

Museau élargi comme chez les *Caïmans*, non étranglé vers la suture des intermaxillaires ; dents antérieures de la mandibule non exsertes, comme chez ce même genre vivant. La troisième est aussi grosse que la quatrième, qui prend dans les crocodiles vivants la forme d'une canine ; dans le fossile ces deux dents, très-développées, sont fortement serrées et reçues dans la même cavité entre le maxillaire et l'intermaxillaire. Celui-ci porte six dents dont la seconde et la cinquième sont les plus grosses et la sixième la plus petite. Entre la suture du jugal et du temporal écailleux est, à la face inférieure, un petit os supplémentaire étroit, mais très-allongé et qui paraît un démembrement de ce dernier os. L'ouverture postérieure des fosses nasales est située un peu plus en avant et est plus allongée que dans les crocodiles vivants.

1. DIPLOCYNODUS RATELII, Pom. Crâne à profil presque droit jusqu'au-dessus du tiers antérieur des orbites, où il fait un angle très-obtus et droit au delà sur la région crânienne. Celle-ci a bien plus de ressemblance avec celle des crocodiles vrais qu'avec celle des caïmans par le développement de ses trous temporaux, presque aussi grands que dans l'espèce du Nil. Le

crâne en totalité est moins élargi en arrière que dans les Alligator, et moins rétréci en avant que chez les Crocodiles. La tête ne dépasse jamais 0,32 à 0,33, et l'espèce est petite.

Terrain tertiaire à Ronzon, Langy, Chaptuzat, Perrier, Antoing, la Sauvetat, etc.

Obs. Au même genre doit être rapportée une espèce assez voisine, dont le crâne nous a semblé un peu plus large et qui a été découverte en Angleterre dans les terrains tertiaires, c'est le *Diplocynodus hantoniensis*, Nob. (*Alligator hantoniensis*, Sh. Wood.)

F. DES LACERTIENS.

Obs. Quelques-uns de nos fossiles sont peut-être de la tribu des Scincoïdiens, les autres de celle des Lacertiens.

G. VARANUS. Merr.

1. VARANUS LEMANENSIS, Nob. Animal très-semblable aux monitors par ses dents coniques aiguës, les postérieures plus grosses, mais en différant probablement par ses écailles osseuses, si celles que nous trouvons constamment parmi les autres débris lui ont appartenu. Taille d'un grand lézard de nos pays.

Terrain tertiaire aux Chaufours.

G. DRACÆNOSAURUS, Pom. *Dracosaurus*, Brav., Croiz. ex Gerv.

Nous ne connaissons encore que la mandibule de ce genre qui offre des formes toutes particulières.

Le dentaire est court et épais, portant huit dents grossissant beaucoup de la première à la dernière, qui est très-grande ; leur couronne est ronde, peu convexe, en forme de tête de pilon, marquée dans les jeunes de stries rayonnant du centre. L'operculaire ne paraît pas en dehors ; le complémentaire a son angle antérieur enchâssé dans une large échancrure du dentaire, qui remonte sous forme de pointe étroite sur le bord coronoïdien ; il s'appuie largement sur le surangulaire et forme une apophyse courte et obtuse en avant, et en arrière une arête qui est sur le prolongement du bord supérieur du surangulaire, qui est très-élargi verticalement ; l'angulaire est au contraire très-étroit, et l'articulaire forme en arrière une courte apophyse et son bord inférieur paraît peu en dehors. La mandibule est fortement coudée vers la suture postérieure du dentaire et est très-remarquable par les formes robustes qu'elle accuse. Nous n'avons vu que la face externe de ces mandibules.

1. DRACÆNOSAURUS CROIZETI, Nob. (*Scincus Croizeti*, Gerv.) Espèce unique dont la mandibule a 0,047 de longueur totale, la série dentaire n'ayant que 0,015 ; la hauteur du complémentaire est aussi de 0,015, et la largeur de la branche postérieure derrière ce complémentaire, est de 0,01 ; ces proportions indiquent une espèce très-robuste, ou du moins à tête courte et épaisse.

Terrain tertiaire à Cournon.

G. SAUROMORUS. Nob.

Frontal principal divisé en deux os comme dans le genre *Lacerta*, et portant des écailles à peu près disposées de même ; pariétal ressemblant au contraire davantage à celui de l'orvet par son échancrure postérieure profonde, sa largeur médiocre, et même par la forme des écailles qui le recouvrent ; il est tout-à-fait plat en dessus et dépourvu de fosses latérales. Nous n'y trouvons pas de traces de réunion au frontal postérieur. La boîte du cerveau, assez semblable à celle des lézards, en diffère par un peu plus d'allongement de la partie basilaire et sphénoïdale, et surtout par l'absence de la crête supérieure supportant le pariétal, qui n'est plus qu'une petite arête obtuse et courte. Le maxillaire est élargi en avant, formant moitié de l'ouverture des narines ; le jugal a sa branche montante étroite et assez longue, l'horizontale est prolongée en arrière en une lame arrondie. Les *Ptérygoïdiens* ont une rangée de quatre ou cinq dents au dedans d'une crête qui vient de l'os transverse. Le tympanique a une forme à peu près intermédiaire à ceux des dragons et des scinques. La partie postérieure de la mandibule est plus longue que le dentaire et médiocrement robuste ; les dents sont cylindriques, brusquement comprimées près du sommet en une arête longitudinale et ridées verticalement sur les faces du biseau.

1. SAUROMORUS AMBIGUUS, Nob. D'un quart plus grand que nos grands lézards verts, cette espèce était proportionnellement plus robuste. Nous avons compté 16 dents au maxillaire et 19 au dentaire, qui vont en grossissant jusqu'aux trois ou quatre postérieures, celles-ci décroissant au contraire. Nous employons l'épithète d'*Ambiguus*, pour indiquer ses rapports multiples avec les scinques et les lézards.

Terrain tertiaire à Langy, à Marcouin près de Volvic.

2. SAUROMORUS LACERTINUS, Nob. Espèce plus petite, dont nous ne connaissons encore qu'un pariétal semblable à celui du précédent dans ses caractères génériques, mais à bord sutural avec le frontal principal fortement anguleux, échancrant profondément ce dernier os, tandis que cette suture nous a paru droite dans le *S. ambiguus*. Quelques vertèbres viennent aussi appuyer cette distinction spécifique.

Terrain tertiaire à Langy.

G. LACERTA. L.

1. LACERTA ANTIQUA, Nob. Petite espèce qui a beaucoup de ressemblance avec les lézards de notre époque; connue par une mandibule.

Terrain tertiaire à Cournon.

2. LACERTA FOSSILIS, Nob. Espèce à peu près de la taille du lézard vert, dont elle diffère légèrement

par les proportions des écailles qui couvrent son pariétal, les médianes étant plus petites.

Brèche de Coudes, Neschers (peut-être différent).

O. DES OPHIDIENS.

G. OPHIDION. Nob.

Pariétal allongé, beaucoup plus que dans les couleuvres, ayant ses crêtes temporales réunies en une sagittale sur presque toute sa longueur; il est renflé sur les côtés de la fosse temporale et comme bulleux, assez dilaté et déprimé fortement en avant.

1. OPHIDION ANTIQUUS, Nob. Espèce de la taille tout au plus d'un orvet, dont nous ne connaissons encore que le pariétal et des vertèbres.

Terrain tertiaire à Langy.

G. COLUBER. L.

1. COLUBER GERVAISI, Nob. Espèce de grande taille, que M. Gervais dit plus voisine du *Rhinechis agassizii* que de toute autre couleuvre. Son pariétal est plat en dessus, médiocrement échancré par le rocher, et assez élevé. Une arête transversale très-marquée sur le sphénoïde.

Brèche de Coudes.

2. COLUBER FOSSILIS, Nob. Espèce plus petite que la précédente, dont le pariétal a un fort sillon longi-

tudinal, et forme en avant deux pointes, entre lesquelles sont reçus les frontaux ; cet os est aussi un peu plus déprimé que dans la précédente espèce, et plus échancré par le rocher. L'articulaire de la mandibule a sa fosse bien moins profonde.

Brèche de Coudes.

O. DES BATRACIENS.

F. DES ANOURES.

G. BATRACHUS. Nob.

Nous ne pouvons attribuer au genre *Rana* des *Erpétologistes* modernes les fossiles que nous comprenons sous ce nouveau nom générique, d'une manière au moins provisoire, jusqu'à ce que nous ayons pu les comparer avec plusieurs genres exotiques qui nous sont inconnus. Le maxillaire lisse à la face externe, ainsi que tous les autres os de la tête, porte des dents dans toute sa longueur ; l'os en ceinture est un long tube ouvert en-dessus seulement sur la moitié de la longueur ; il s'appuie par sa partie inférieure tout ossifiée sur la branche antérieure du sphénoïde, et est échancré sur les côtés en arrière pour le trou optique ; plus ou moins ditaté en avant, il forme les parois supéro-antérieures de l'orbite ; les cavités coniques olfactives y sont bien séparées par une cloison qui se porte en avant. L'occipital latéral probablement réuni à la caisse, porte une forte apophyse latérale se terminant par deux facettes, l'une antérieure l'autre externe, et de sa partie supérieure très-irrégulière part une autre apophyse étroite dirigée en dehors, un peu en haut, fourchue à l'extrémité, la branche postérieure étant plus longue que l'antérieure. Les crêtes temporales sont plus ou moins rapprochées sur le pariétal qui est unique.

1. BATRACHUS LEMANENSIS, Nob. L'espèce type, plus grande que nos grenouilles européennes et montrant plus d'un rapport d'organisation avec la *Rana boans* d'Amérique, avait son pariétal plat en dessus et incliné sur les côtés avec un angle correspondant à la crête temporale. Les apophyses transverses des vertèbres sont très-saillantes, le bassin est assez semblable à celui des grenouilles, l'humérus et le cubitus sont très-courts comparés au fémur et au tibia.

Terrain tertiaire à Langy, Cournon, Chaufours.

2. BATRACHUS NAIADUM, Nob. Espèce plus petite, dont le rocher occipital est plus court transversalement et l'apophyse transverse supérieure plus grêle. Le pariétal a ses crêtes temporales très-rapprochées et soulevées presque en une sagittale, qui se réunit à une crête occipitale très-marquée. Les os des membres présentent peu de différence avec ceux de l'espèce précédente.

Terrain tertiaire aux Chaufours.

3. BATRACHUS LACUSTRIS, Nob. Espèce plus petite, dont le rocher occipital a son apophyse transverse inférieure plus étroite à son extrémité, et dont tous les os des membres sont plus grêles.

Terrain tertiaire aux Chaufours.

G. RANA. L.

1. RANA FOSSILIS, Nob. Espèce voisine de la grenouille verte, dont elle diffère par des détails de formes de quelques os des membres.

Brèche de Coudes.

G. PROTOPHRYNUS, Nob.

Dans ce genre qui a son bassin assez semblable à celui du genre *Bufo*, si ce n'est qu'il est plus élargi en avant, le rocher occipital est très-volumineux, l'apophyse inférieure est petite à son extrémité, la supérieure est une lame très-élargie d'avant en arrière et se recourbant en bas en avant sans se détacher du corps de l'os. Nous n'avons pas encore observé la vertèbre sacrée, ni de maxillaires dépourvues de dents, en sorte que nous ignorons ses rapports avec les *Raniformes* dans ces parties du squelette.

1. PROTOPHRYNUS ARETHUSÆ, Nob. Grande espèce dont nous n'avons pas encore pu distinguer tous les os des membres, mais qui avait un bassin assez robuste.

Terrain tertiaire aux Chaufours.

F. DES URODÈLES.

G. CHELOTRITON. Nob.

Nous ne connaissons encore de ce genre remarquable que des vertèbres et quelques os des membres. Mais les premières sont très-caractéristiques. Comme celles des salamandres, elles sont convexes en avant, concaves en arrière, ayant une apophyse transverse en lame verticale, portant deux facettes pour un rudiment de côté ; mais l'anneau est surmonté d'une apophyse épineuse, qui porte elle-même une plaque assez large, épaisse, très-rugueuse à sa face supérieure, sur laquelle devait s'appliquer la peau, et se réunissant à celle des vertèbres voisines, de manière à former un rudiment de cuirasse osseuse sur la colonne vertébrale : le fémur, l'humérus et les os de l'épaule ne diffèrent pas beaucoup des analogues chez les salamandres.

1. CHELOTRITON PARADOXUS, Nob. L'espèce type ne nous paraît pas avoir été guère plus grande que la salamandre terrestre ; cependant nous avons trouvé des os qui indiqueraient une taille notablement supérieure. Y a-t-il plusieurs espèces ? nous le pensons, mais nous ne pouvons encore l'affirmer.

Terrain tertiaire à Langy, aux Chaufours.

Obs. La caractéristique des espèces de reptiles étant plus difficile que celle des mammifères, et pouvant plus facilement donner lieu à des erreurs, nous n'avons mentionné dans ce Catalogue que les espèces les mieux connues et les plus certaines. Mais nous ne voudrions pas affirmer que plusieurs autres, signalées par les auteurs, ne soient pas distinctes; les tortues notamment et les batraciens sont assurément plus nombreux que nous ne l'avons admis, mais il n'est pas encore possible de caractériser leurs espèces.

C. DES POISSONS.

O. DES PLACOIDES.

G. TRISTICHIUS. Agass.

1. TRISTICHIUS ARCUATUS, Ag., ou espèce très-voisine de celle-ci et qu'il ne nous est pas possible de différencier à cause de l'état imparfait de nos échantillons.

Terrain houiller à Bert-Montcombroux. (Poirrier).

G. DIPLODUS. Agass.

1. DIPLODUS GIBBOSUS, Ag. Squalide très-remarquable par les deux pointes divergentes de la couronne de ses dents, qui sont fortement gibbeuses à leur base.

Terrain houiller à Bert-Montcombroux. (Poirrier).

O. DES GANOIDES.

G. PROPALÆONISCUS. Nob.

Ce genre, très-voisin des *Palæoniscus*, en diffère surtout par ses écailles fortement striées et des particularités de structure de sa tête et des nageoires.

1. PROPALÆNICUS AGASSIZII, Nob. Grande espèce à corps assez épais.

Terrain houiller à Bert, Mo...

O. DES CTÉNOIDES.

G. PERCA. L.

1. PERCA ANGUSTA, Agass.
Terrain tertiaire supérieur à Menat.

2. PERCA LEPIDOTA, Agass., ou espèce voisine, peu différente.
Terrain tertiaire à Vichy, (Viquesnel,) *à Gergovia.*

O. DES CYCLOIDES.

T. DES CYPRINOIDES.

G. CYCLURUS. Agass.

1. CYCLURUS VALENCIENNESII, Agass.
Terrain tertiaire supérieur à Menat.

G. COBITOPSIS, Nob.

Tête conique très-allongée, sans barbillon; corps grêle, étroit; pectorales à dix ou onze rayons, médiocres; ventrales petites, reculées; dorsale et anale très-longues, opposées, égales, s'étendant presque jusqu'à la caudale, rétrécies insensiblement en arrière, ayant la supérieure 16 et l'inférieure 17 rayons, la caudale un peu fourchue, formée de dix-huit rayons. Pas de dents aux mâchoires.

1. COBITOPSIS EXILIS, Nob. Espèce unique, longue de 0,074, la tête a 0,018; sa hauteur est de 0,009.
Terrain tert. à Chadrat, près St-Amant-Tallende.

G. LEBIAS, Cuv.

1. LEBIAS CEPHALOTES, Agass.
Terrain tertiaire à Corent.

2. LEBIAS PERPUSILUS, Agass.
Terrain tertiaire près de Laps.

G. PÆCILOPS, Nob.

Corps assez allongé, médiocrement large; tête courte, bouche petite, mâchoire supérieure formée par les intermaxillaires, bordée d'une rangée de dents aiguës assez petites, ainsi que la mandibule; pectorales petites, courtes, situées très-bas; ventrales également petites, peu distantes, situées à peu près au milieu de la longueur; anale de 11 rayons à égale distance des ventrales et de la caudale; dorsale opposée à la ventrale, un peu plus antérieure cependant, de 13 rayons; queue fourchue de 27 rayons. Pas de barbillons.

1. PÆCILOPS BREVICEPS, Nob. Long de 0,008, tête 0,02, hauteur du corps 0,018; les écailles nous paraissent avoir été assez grandes.
Terrain tertiaire supérieur à Menat.

T. DES ESOCIDES.

G. ESOX.

Espèce incertaine connue par une mandibule unique.
Terrain tertiaire à Menat.

DISTRIBUTION DES ESPÈCES DANS LES DIVERS TERRAINS.

1°. Faune des terrains miocènes.

(Les Especes communes aux deux bassins sont marquées d'une astérique derrière le nom ; celles particulières à la Haute-Loire sont marquées d'une astérique devant le nom).

MAMMIFÈRES.

CHEIROPTÈRES.

Palæonycteris robustus.

INSECTIVORES.

Geotrypus acutidens.
Geotrypus antiquus.
Galeospalax mygaloïdes.
Mygale nayadum.
Plesiosorex talpoïdes.
Mysarachne picteti.
Sorex antiquus.
— ambiguus.
Echinogale laurillardi.
— gracilis.
Erinaceus arvernensis.
* — nanus.

RONGEURS.

Palæosciurus feignouxi.
— chalaniati.
Steneofiber escheri.
Myoxus murinus.
Myarion antiquum. *
— musculoïdes.
— minutum. *
— augustidens.
Theridomys breviceps.
— dubius.
Isoptychodus jourdani.
* Isoptychodus aquatilis.
— vassoni.
Tæniodus curvistriatus.
Omegadus echymyoïdes.
Archeomys arvernensis.
Palanæma antiquus.
Lagodus picoïdes.
Amphilagus antiquus.

CARNASSIERS.

Lutrictis valetoni.
Plesiogale angustifrons.
— robusta.
— waterhousii.
— mustelina.
Plesictis robustus.
— gracilis.
— croizeti.
— lemanensis.
— genetoïdes.
— palustris.
— elegans.
Amphictis antiquus.
— leptorynchus.
— lemanensis.
Herpestes lemanensis.
— antiqua.
— primæva.
* Elocyon martrides.
* Cynodon velaunum.
* — palustre.
Canis brevirostris.
Amphicyon brevirostris.
— leptorynchus.
— lemanensis.
— incertus.
— crassidens.

ONGULÉS.

? Mastodon tapiroïdes.
Dinotherium giganteum.
— cuvieri.
Rhinoceros lemanensis.
— croizeti.
— paradoxus.
* Palæotherium magnum ?
* — gracile
— velaunum. *
* — duvali ?
* Plagiolophus ovinus.
* — minor.
Tapirus poirrieri.
Palæochærus major.
— waterhousii.
— typus.
— suillus.
* Elotherium aymardi.
* — ronzoni.
Antracotherium magnum.
— cuvieri.
Ancodus velaunus. *
— leptorynchus. *
— incertus. *
* — aymardi.
Synaphodus gergovianus.
Cænotherium laticurvatum.
— metopias.
— commune. *
— elegans.
— leptognatum.
— geoffroyi.
— gracile.
Lophiomerix chalaniaci.
Dremotherium traguloïdes.
— feignouxi.
Amphitragulus elegans.
— lemanensis.
* — communis.
— boulangeri.
— meminoïdes.
— gracilis.

MARSUPIAUX.

Hyænodon leptorynchus. *
Hyænodon laurillardi.
Didelphis arvernensis. *
* — crassa.
— antiqua.
— lemanensis.
* — minuta.

REPTILES.

CHELONIENS.

Testudo hypsonota.
— lemanensis.
Ptychogaster heckei.
— emydoïdes.
— abreviata.
Chelydra meilheuratiæ.
Trionyx. . .

SAURIENS.

Diplocynodus ratelii. *
Varanus lemanensis.
Dracænosaurus croizeti.
Sauromorus ambiguus.
— lacertinus.
Lacerta antiqua.

OPHIDIENS.

Ophidion antiquus.

BATRACIENS.

Batrachus lemanensis.
— nayadum.
— lacustris.
Protophrynus arethusa.
Chelotriton paradoxus.

POISSONS.

CTENOÏDES.

Perca lepidota ?

CYCLOIDES.

Cobitopsis exilis.
Lebias cephalotes.
— perpusilus.

2°. Faune pliocène.

MAMMIFÈRES.

RONGEURS.

Castor issiodorensis.
Arvicola robustus.
Arvicola.
Hystrix.
Lepus lacostii.

CARNASSIERS.

Ursus arvernensis.
Lutra bravardi.
— mustelina.
Zorilla antiqua.
Felis arvernensis.
— pardinensis.
— brachyryncha.
— issiodorensis.
— brevirostris.
— incerta.
Meganthereon cultridens.
— macroscelis.
Hyæna perrierii.
— arvernensis.
— dubia.
* Hyæna vialetti.
Canis megamastoïdes.

ONGULÉS.

Mastodon arvernensis. *
— borsoni. *
Rhinoceros elatus.
Tapirus arvernensis.
Sus arvernensis.
* ? Cervus roberti.
— perrierii.
— issiodorensis.
— etueriarum.
— pardinensis.
— rusoïdes.
— ardeus.
— cladocerus.
— ramosus.
* ? — solilhacus.
— cusanus.
— leptoceros.
— platyceros.
— furcifer.
Antilope antiqua.
— elatus.
— elaphus.

? POISSONS DE MENAT.

Perca angusta.
Cyclurus valencienesii.
Pæcilops breviceps.
Esox... ?

3°. Faune diluvienne.

MAMMIFÈRES.

INSECTIVORES.

Talpa fossilis.
Sorex exilis.
— fossilis.
Myosictis fodiens ?
Musaraneus priscus.
Erinaceus major.

RONGEURS.

Sciurus....
Spermophilus superciliosus.
Arctomys Lecoq.
Castor fiber ?
Myoxus nitella ?
Arvicola antiquus.
— pseudoglareolus.
— arvaloïdes.

Arvicola joberti.
Lemmus fossilis.
Mus sylvaticus ?
Cricetus musculus.
Lagomys spelæus.
Lepus diluvianus.
— cuniculi affinis.

CARNASSIERS.

Ursus spelæus.
Meles fossilis.
Mustela schmerlingii ?
Putorius fossilis.
— gale.
— microgale.
— macrossoma.
Felis lyncoïdes.
— minuta.
— spelæa.
* Meganthereon latidens.
Hyæna spelæa. *
— brevirostris. *
Canis spelæus ? * *
— neschersensis.
— vulpes fossilis.

ONGULÉS.

Elephas meridionalis. *
Elephas primigenius.
— priscus.
Rhinoceros leptorhinus.
* — aymardi.
— thicorhinus.
Equus adamiticus.
— robustus.
Tapirus elegans. *
Sus priscus.
Hippopotamus major. *
Cervus guettardi. *
— somonensis.
— intermedius. *
— macroglochis.
— ambiguus.
* Antilope aymardi.
— incerta.
Ovis primæva.
Capra rozeti.
Bos primigenius. *
* — giganteus ?
— priscus. *

REPTILES.

Lacerta fossilis.
Coluber gervaisi.
— fossilis.
Rana fossilis.

Nota. Deux séries sont confondues dans cette dernière Faune ; la rectification se trouve à l'article *Faune alluviale* du chapitre suivant.

En résumé, nous connaissons dans les terrains tertiaires, 131 espèces de vertébrés, moins les oiseaux. Sur ce nombre douze n'ont encore été trouvés que dans le bassin du Puy, et huit sont communes aux deux régions.

Les espèces se répartissent ainsi dans les divers ordres :

Cheiroptères 1, insectivores 11, rongeurs 19,

carnassiers 27, ongulés 42 (dont trois proboscidiens et dix perissodactyles ordinaires, vingt artiodactyles ordinaires et neuf ruminants), chéloniens 7, sauriens 6, ophidiens 1, batraciens 5, poissons 4. Ce qui caractérise particulièrement cette faune c'est la grande quantité d'ongulés artiodactyles, celle des carnassiers mustiliens et viverriens.

La faune du terrain pliocène comprend 45 espèces ainsi réparties : rongeurs 5, carnassiers 17, ongulés 23. Ici encore les ongulés dominent, mais ce sont des ruminants; après eux viennent les carnassiers représentés surtout par des féliens. Nous ne trouvons plus de reptiles chéloniens ou crocodiliens.

Enfin la faune diluvienne comprend 62 espèces, dont plusieurs sont très-voisines de celles de notre époque, ce sont : insectivores 6, rongeurs 14, carnassiers 16, ongulés 22, reptiles 4. Le caractère le plus important de cette faune est dans la présence des proboscidiens, rhinocéros, grands felis, hyènes, ours, marmottes, etc.

En total général, la vallée supérieure de la Loire et celle de l'Allier ont fourni au moins 243 espèces fossiles de mammifères, reptiles et poissons, et on peut sans craindre aucune exagération porter à une quinzaine le nombre des oiseaux des trois époques que l'on a pu déjà distinguer.

REMARQUES GÉNÉRALES

SUR LES

CARACTÈRES DES DIVERSES FAUNES

DU VELAY & DE LA LIMAGNE,

Comparées entr'elles et avec celles de différentes régions.

Dans le mémoire qui précède, nous avons eu pour but principal la détermination des espèces de vertébrés fossiles découverts dans la région naturelle dont nous avons indiqué plus haut les limites. Il était en effet essentiel de construire ce catalogue de nos richesses paléontologiques, pour qu'on pût facilement saisir la composition des diverses faunes qui se sont succédé sur ce sol depuis si longtemps émergé, et qui porte tant de traces des révolutions anciennes; il le fallait en outre, pour qu'on pût y chercher les relations de ces faunes entr'elles et leurs rapports avec d'autres plus ou moins analogues, qui dans divers lieux de l'Europe occidentale ont été découvertes dans des terrains comparables par leur âge géologique. Nous croyons devoir maintenant consacrer ce dernier chapitre aux remarques générales que l'on peut faire sur ce sujet ; ce sera, en même temps, un résumé de faits isolés perdus pour ainsi dire dans une simple liste de noms.

Le peu que nous avons à dire de la faune ichtyologique du terrain houiller, se résumant dans l'identité des espèces avec celles du même terrain aux environs d'Edimbourg, nous passerons tout de suite à l'examen des faunes beaucoup plus modernes, dont les mammifères constituent l'élément essentiel.

FAUNE LÉMANIENNE.

1°. SES CARACTÈRES DANS LES DEUX BASSINS.

Les sédiments lacustres qui ont comblé en partie les deux bassins de la limagne d'Auvergne et du Velay, recèlent les débris d'une faune riche en espèces de mammifères remarquables.

Le *Palæonycteris* y atteste l'ancienneté du groupe des Rhinolophes parmi les Chéiroptères.

Dans l'ordre des Insectivores, grandement représenté à cette époque, nous avons surtout à remarquer les *Géotrypes,* qui lient nos taupes aux *Condylures* des États-Unis, les *Plesiosorex* et les *Echinogales* qui n'ont que des analogues dans les faunes japonaise et malaisienne ; tandis que des musareignes et des hérissons ne paraissent pas différer génériquement des types actuels.

Les Rongeurs étaient aussi très-nombreux en espèces. Outre des écureuils et des loirs de genres encore existants, et les *Steneofiber*, *Myarion* et *Lagodus* qui ont des analogies marquées avec des types européens de la faune actuelle, nous trouvons les *Theridomys* (petite famille éteinte), les *Archæomys* et les *Palanœma* qui rappellent les formes les plus caractéristiques de la faune sud américaine. Les *Theridomys* observés dans plusieurs terrains tertiaires paraissent particuliers à cette période.

Les Carnassiers forment une série incomplète ; ils sont en général de taille petite ou médiocre, et appartiennent pour la plupart aux familles des *Mustéliens* et des *Viverriens*, qu'ils lient entr'elles plus que ne le font les espèces vivantes. Leurs espèces nombreuses constituent plusieurs genres éteints.

Quelques autres carnivores de taille un peu supérieure, mais encore peu remarquable, et du reste plutôt omnivores, rentrent dans la famille des caniens, et y présentent encore la particularité remarquable de se rapprocher beaucoup des vermiformes par diverses modifications ostéologiques. Ainsi nous n'observons que des animaux de petite rapine et pas encore de ces types où le régime carnivore, à son summum de développement, s'allie à des proportions telles, que l'on puisse dire qu'ils étaient destinés à réprimer la trop grande multiplication des herbivores qui formaient l'élément principal de cette faune. (Quelques-uns rappellent presque complétement le genre putois par les formes et les dimensions).

Cette lacune est loin d'être comblée par d'autres carnivores, célèbres il est vrai sous d'autres rapports, et à l'égard desquels certains zoologistes sont encore dissidents pour la détermination de leurs affinités ; nous voulons parler des *Hyænodon* qui, quoique mieux armés, ne devaient guère surpasser nos petits chiens en force. Nous avons classé ces animaux parmi les Marsupiaux, et dans ce type c'est au *Thylacym* qu'ils ressemblent le plus, par conséquent, à un animal confiné de nos jours dans la Tasmanie. Du reste, si l'on refuse encore d'admettre cette analogie qui gêne certaines vues théoriques, il ne peut en être ainsi d'autres Marsupiaux insectivores assez nombreux dans notre faune, et qui sont incontestablement des sarigues, aujourd'hui exclusivement propres à l'Amérique du sud, et bien plus des espèces tout à fait congénères.

Les Ongulés ou Herbivores à sabots sont pour le nombre des espèces dans le rapport de 3 à 2 avec les carnassiers, et forment presque les 4/9 des mammifères de cette faune. Les Périssodactyles, comprenant le tiers de ces espèces, seraient encore moins nombreux si l'on ne considérait que le bassin lémanien. On y trouve à notre avis les plus anciens représentants de deux genres encore existants, rhinocéros et tapir, ainsi que ceux de deux autres genres éteints formant famille avec les éléphants, les *Mastodon* et *Dinotherium*. Dans le Velay on observe l'unique exemple de l'association, avec les rhinocéros, du genre plus ancien des *Palæotherium* vrais (*Anchiterium* exclus), et c'est là un fait très-remarquable que l'on pourra contester, mais non détruire. Nous aurons à revenir sur cette question par suite de l'importance que l'on a donnée à ce genre pour la caractéristique d'une période géologique à laquelle il n'appartient pas exclusivement, et l'exception que nous offre sous ce rapport la faune vélaunienne nous sera encore présentée par celle d'une autre région.

Les Ongulés arteodactyles sont tous de genres éteints ; parmi eux les *Palæochærus* sont encore assez voisins des cochons, les *Amphitragulus* et les *Dremotherium* des chevrotains et non des muscs bien différents sous plusieurs rapports, du reste tous habitant l'Asie insulaire ou continentale voisine. Les *Lophiomerix* sont des ruminants anomaux du même groupe, mais plus rapprochés des pachydermes ; et les *Elotherium*, *Antracotherium*, *Ancodus* et *Cænotherium* sont divers termes d'une série très-importante entièrement éteinte, qui remplit la lacune entre les ruminants et les pachydermes suilliens actuels. Les *Cænotherium* devaient représenter en partie les lièvres de notre époque, et ce rapprochement avec un rongeur ne doit pas étonner, car leurs grands yeux indiquent des animaux plus ou moins nocturnes; le développement des caisses en rapport avec l'organe de l'ouïe, démontre leur timidité ; leurs membres grêles, leurs avant-bras mobiles, leurs ongles presque crochus, enfin leur abondance qui dénote une grande pullulation, tout enfin indique des habitudes et peut-être même le facies cuniculaire, sauf pour la queue beaucoup plus grande. Au contraire, les *Elotherium* et les genres voisins devaient être de vrais pachydermes plus ou moins amis des marécages comme leurs analogues les suilliens. Cette faune présente une série d'ongulés bien moins imparfaite que celle de nos jours, et où les lacunes sont beaucoup moins considérables. C'est surtout par l'absence complète de ruminants à bois qu'elle paraît comme tronquée.

La présence des crocodiles, des grandes testudes et autres chéloniens dans cette faune n'en est pas le caractère le moins important; plusieurs (crocodile, *Ptychogaster*, lézards) montrent des formes sous-génériques particulières, d'autres ont leurs congénères dans l'Amérique du nord (*Chelydra*). Les reptiles amphibies, urodiles et anoures, très-nombreux, revêtent des formes tout à fait spéciales et ne méritent pas moins de fixer l'attention. En somme, un très-petit nombre d'espèces de cette faune se rapportent à des genres actuellement existants, et dans ces genres mêmes elles constituent souvent des sections naturelles ou des coupes sous-génériques. Beaucoup de ces animaux ont leurs analogues les plus rapprochés dans la faune américaine, et principalement du Sud ; d'autres dans celle de l'Asie méridionale et insulaire, un seul genre dans celle de l'Australie, et aucune, à notre connaissance, dans celle de l'Afrique, si ce n'est peut-être un *Herpestes*, et aux îles Mascareignes les testudes géantes.

Si, après avoir considéré l'ensemble de cette faune, nous recherchons ce qu'il peut y avoir de remarquable dans la distribution de ses espèces, nous aurons à signaler d'assez grandes différences entre les deux bassins géologiques où ses dépouilles sont conservées. Ainsi tous les *Palæotherium* et *Plagiolophus* que nous avons inscrits dans notre Catalogue, sont du bassin de la Haute-Loire : si nous avons indiqué le *P. velaunum* dans la vallée de l'Allier, c'est avec doute et d'après un seul métacarpien *medius* dont la détermination n'est pas assez rigoureuse. Ces *Palæotherium* étant plus fréquents dans les couches gypseuses de ce bassin, et quelques-uns même y ayant été exclusivement trouvés jusqu'à ce jour, on avait cru pouvoir en conclure que ces gypses étaient d'une autre période géologique que les calcaires qui les recouvrent, et devaient être considérés comme synchroniques du terrain à plâtre de Paris. Cette corrélation nous paraît peu probable, puisque les calcaires renferment également des espèces de ce genre. Nous verrons qu'il y a une relation plus évidente avec d'autres gisements à *Palæotherium* du midi de la France, et notamment avec celui d'Apt sur lequel nous avons publié une notice.

L'*Elotherium* est de même particulier au Velay, et il y a peu de temps qu'on aurait pu en dire autant des *Ancodus*, que nous avons retrouvés dans le bassin géologique lémanien, quoique non loin de la Loire, mais tout à fait en dehors et à une grande distance du bassin géologique du Velay. Il en est de même des rhinocéros qui n'ont été observés que récemment aux environs du Puy, en sorte que les ongulés de cette faune locale paraissaient réduits aux *Palæotherium*, *Elotherium*, *Ancodus* et *Amphitragulus*. Du reste, les espèces observées dans le Velay sur une surface assez restreinte sont encore peu nombreuses, et les différences avec la Limagne, peut-être plus apparentes que réelles, s'effaceront par suite d'explorations ultérieures. Il pourra et il devra même en rester, qui tiendront à la distribution géographique des espèces; mais entre des bassins si voisins elles ne pourront être considérables. Dans l'état actuel de nos connaissances, les *Amphicyon*, et l'on pourrait dire presque tous les carnassiers, les insectivores, les rongeurs (à l'exception des *Myarion*) du bassin de la Limagne manquent au Velay qui a seul les *Cynodon*, un hérisson et deux *Theridomys*. Les *Dinotherium*, tapirs, *Palæochœrus*, *Antracotherium*, etc., sont étrangers au bassin du Puy, et les rhinocéros, *Cænotherium*, *Diplocynodus*, *Ptychogaster* y sont des raretés, mais suffisamment caractéristiques de la période lémanienne, de même que les *Hyænodon* et *Didelphis*, qui y sont au contraire bien plus fréquents. Il ne nous paraît pas possible d'établir une différence paléontologique importante entre les deux faunes locales que nous considérons, non plus qu'entre les deux faunes successives, qui dans le Velay seraient respectivement confinées dans les gypses et dans les calcaires ; car s'il y a entr'elles des différences, plus apparentes sans doute que réelles, il y a aussi des ressemblances suffisantes pour les faire considérer comme synchroniques et semblables.

Dans la vallée de l'Allier nous avons à signaler des singularités non moins grandes : ici la surface explorée est bien plus étendue, et le nombre de gisements exploités bien plus nombreux, et l'on peut y observer dans le même bassin et dans des couches plus ou moins identiques des différences aussi considérables dans les associations locales d'espèces.

Les Rongeurs sont pour la plupart localisés, l'*Archeomys* excepté, qui se trouve dans beaucoup de gîtes d'une extrémité à l'autre du bassin, et le *Steneofiber* qui, commun au nord dans le Bourbonnais, reparaît bien plus au sud aux environs d'Issoire. C'est près de Clermont que celui-là est le plus abondant, dans la même région que le *Palanæma*. Les *Theri-*

domys n'ont encore été observés qu'aux environs d'Issoire (Perrier, Antoing, Saint-Yvoine), et les *Isoptychodus* et *Tæniodus* à La Sauvetat. Les *Myarion* au contraire ont un habitat moins circonscrit. La localité où se trouve réuni le plus grand nombre d'espèces est Saint-Gerand-le-Puy, qui possède seule les *Sciurus*, *Myoxus*, *Lagodus* et en outre les *Steneofiber*, *Archeomys*, *Myarion*.

Les Carnassiers proviennent presque tous des gisements du département de l'Allier. Le *Lutrictis*, un *Plesictis*, un *Plesiogale* et le *Canis brevirostris* se sont aussi montrés dans les gîtes de Cournon et de Pérignat près de Clermont.

Parmi les Ongulés, l'*Antracoterium* et les *Rhinoceros* ne sont communs nulle part, mais se trouvent cependant sporadiquement sur un grand nombre de points et dans des couches différentes. Les *Cænotherium*, *Amphitragulus* et *Dremotherium* sont d'une fréquence peu ordinaire dans les environs de Saint-Gerand, tandis que sur le petit nombre de points où ils reparaissent dans le Puy-de-Dôme, ils constituent des raretés, sauf pour un *Cænotherium* de Cournon. Il en est presque de même des *Palæochærus* qui sont cependant bien moins abondants que les précédents. Les *Ancodus*, si communs dans le Velay, n'ont encore été recueillis qu'à Vaumas, ainsi que le Tapir, et il est à remarquer que ce point se trouve presque au confluent hydrographique des deux vallées de l'Allier et de la Loire, au pied des montagnes qui les séparent, comme s'il y avait eu alors communication par ce point entre les deux bassins géologiques.

On voit par ces exemples que les divers gisements un peu importants ont eu un facies particulier et possèdent de petites faunes locales, connexes entr'elles à la vérité, mais cependant différentes par l'absence de certaines espèces et la fréquence d'autres qui leur paraissent spéciales. Le plus riche de tous et sans contredit l'un des plus remarquables que l'on connaisse encore, est celui de Saint-Gerand-le-Puy. Chéiroptères, Insectivores, nombreux Rongeurs et Carnassiers, Ongulés plus nombreux encore et parmi lesquels les *Cænotherium*, *Palæocherus*, ruminants, traguloïdes, sont les plus remarquables par leur abondance, Oiseaux, Crocodiles, Tortues, Lacertiens, Ophidiens et Batraciens constituent pour ainsi dire le noyau de cette belle faune lémanienne dont nous retraçons ici les caractères. Cependant les grands Ongulés y sont très-rares, et ce n'est qu'à une certaine distance que les *Dinotherium*, *Rhinoceros* et *Antracotherium* peuvent être observés. Presque tous les gisements du département de l'Allier ont avec celui-ci une certaine analogie par les espèces moins nombreuses qu'ils renferment. Tous appartiennent à ce grand dépôt de calcaires concrétionnés et à friganes qui y jouent un rôle si important dans la constitution géologique. Chaptuzat et Marlouis, dans le Puy-de-

Dôme, leur ressemblent aussi, et c'est même dans ce premier gisement, ainsi qu'à Gannat, qu'ont été découverts les débris les plus complets de plusieurs *Rhinoceros*. La localité de Vaumas, dans l'Allier, fait exception sous ce rapport ; c'est en effet dans des sables et des grès qui constituent les couches inférieures de la formation lémanienne que gisent les fossiles, et ceux-ci sont assez différents. Des *Ancodus*, *Antracotherium*, *Tapir*, *Rhinoceros* et *Chelydra* y sont associés à des *Archeomys*, *Amphictis*, *Herpestes*, *Amphicyon*, *Cœnotherium*, *Testudo* et *Crocodilus*.

Dans le Puy-de-Dôme, le gisement de Cournon, auquel on peut réunir ceux de Gergovia, embrasse une certaine épaisseur de couches calcaires; mais c'est dans les parties supérieures du dépôt, près des calcaires concrétionnés, que les fossiles sont en plus grand nombre. Nous y avons observé des *Geotrypus* et des *Hérissons*, des *Myarion* et *Archæomys*, des *Plesictis*, *Plesiogale* et *Didelphis*, des *Cænatherium* et *Amphitragulus*, une grande *Testude*, le *Dracænosaurus* et quelques reptiles amphibies, et beaucoup de ces espèces sont différentes de celles de Saint-Gerand-le-Puy, ce qui diminue l'analogie avec ce dépôt fossilifère. Dans des couches plus inférieures ont été recueillis des *Palanæma*, *Hyænodon*, *Palæochærus*, *Antracotherium*, *Synaphodus*, *Chelydra* qui y sont très-rares.

Plus au sud, nous trouvons un autre gisement à

La Sauvetat, d'où MM. Vasson et de Chalaniat ont exhumé les *Tœniodus* et *Isoptychodus*, les *Hyœnodon* et les *Didelphis*, le *Lophiomerix* et quelques rares débris de reptiles. Ces fossiles y sont conservés dans une couche calcaire, exploitée pour la chaux ; ils paraissent appartenir à la partie inférieure ou au moins moyenne du dépôt lacustre. C'est le premier d'une série de petits gisements très-analogues entr'eux qui sont situés aux environs d'Issoire et dont plusieurs espèces sont cependant différentes : *Echinogale*, *Theridomys*, *Rhinoceros*, *Antracotherium*, *Hyœnodon*, *Crocodile*, qui sont dans des couches voisines de la base de la formation calcaire.

En outre cette région possède à la Tour-de-Boulade un gisement plus curieux dans des couches plus supérieures, mais qui sont encore au-dessous des calcaires à friganes. Les Insectivores y sont nombreux : *Geotrypus*, *Plesiosorex*, *Mysarachne*, *Mygale*, *Erinaceus* ; les Rongeurs plus rares y sont cependant encore assez variés : *Stenoefiber*, *Myarion*, *Omegadus* et *Archeomys;* peu de Carnassiers d'espèces non déterminables ; des *Antracotherium;* des traces de *Cœnotherium;* quelques *Amphitragulus*, des *Didelphis;* le *Varanus*, le *Chelydra* et surtout une grande quantité de *Batraciens anoures* et le *Chelotriton*.

Enfin plus au sud encore, dans des couches de grès et de sables qui semblent terminer la formation argileuse inférieure aux calcaires et qui sous ce rapport sont les analogues de ceux de Vaumas, dans le Bourbonnais, sont quelques autres amas d'ossements fossiles qui appartiennent aux genres suivants : *Archeomys*, *Dinotherium*, *Rhinoceros*, *Antracotherium*, *Testudo*, *Hypsonota*, *Crocodilus*. Ce serait dans un de ces gisements, à Bournoncle-Saint-Pierre, qu'aurait été découvert le seul débris de *Palætherium*, s'il n'y a pas eu d'erreur dans sa détermination. Vaudable, Saint-Germain-Lembron, Boudes, Nonette, sont les autres localités principales qui ont offert les autres dépôts ossifères de cette catégorie.

De cet examen rapide il résulte que tous les gisements ossifères des dépôts lacustres de la Limagne appartiennent à la même période géologique et zoologique, et qu'ils ne peuvent être divisés en étages à l'aide de leurs caractères paléontologiques, puisque les mêmes espèces existent dans les plus anciennes comme dans les plus récentes couches de ce dépôt. Les différences que nous avons signalées entre les divers gisements sont de même nature que celles offertes par la faune actuelle, et se rapportent à la distribution géographique, aux habitudes et à l'extension plus ou moins restreinte des espèces. Il faut aussi faire entrer en compte les accidents de l'enfouissement et de la fossilisation, qui y prennent la plus grande part dans les gisements peu riches en débris osseux, et ne doivent être négligés que dans les grands amas d'individus d'espèces plus ou moins nombreuses.

C'est ainsi que la distribution des Rongeurs nous paraît devoir produire celle qui leur était propre à l'époque de leur existence, parce que les individus de chaque espèce sont très-nombreux dans les localités qui leur sont particulières, tandis que les grands Herbivores et beaucoup de Carnassiers devaient habiter à peu près toute l'étendue de ce bassin dans les parties qu'ils affectionnaient.

Devons-nous porter le même jugement sur l'analogie entre le Velay et la Limagne ? Nous le pensons, parce que de nombreuses espèces sont communes aux deux bassins, et que les différences dans leur association, quoique plus grandes que celles que nous venons de signaler dans la vallée de l'Allier, ne sont cependant pas plus importantes dans la question, en raison de la distinction bien nette et même de l'éloignement des deux bassins qui peuvent laisser supposer qu'ils appartenaient dans ces temps éloignés à deux régions zoologiques un peu différentes. C'est en effet plus au nord, au bord du Rhin, que nous retrouvons une association d'espèces semblables à celle qui constitue la faune lémanienne ; tandis que c'est au sud, dans la Provence, qu'il faut chercher une réunion de types un peu analogue à celle de la Haute-Loire, qui revêt ainsi un caractère un peu ambigu ou de transition qu'il est important de remarquer. En examinant l'orographie de cette région, il serait cependant difficile de trouver une communication de ce bassin vélaunien avec celui de la Provence, car les chaînes assez élevées de montagnes qui l'enclavent ont une grande ancienneté, puisqu'elles appartiennent au système du Forez, et sont par conséquent antérieures au dépôt du terrain houiller. Au contraire, elle devait être bien plus facile vers le nord ; car il est très-probable que plusieurs des parties actuelles du cours de la Loire avaient été déprimées aussi anciennement, du côté de Roanne et de Montbrison par exemple ; et ainsi se confirmerait ce que nous avons dit plus haut du gisement des *Ancodus* à Vaumas, près du cours actuel de la Loire.

Au milieu de toutes ces questions qu'il ne nous est pas encore permis de résoudre, mais qui offriraient matière à des recherches intéressantes, il n'en reste pas moins une anomalie qu'elles ne pourront faire disparaître, à moins d'une heureuse découverte de gisements nouveaux qui enrichissent la faune de la Limagne de quelques-unes de ces espèces de *Paleotherium* ; jusque-là nous ne trouverons dans la faune actuelle aucun exemple de distribution géographique pareille, ni de différences aussi importantes produites entre deux faunes régionales si voisines par des aspérités du sol d'une importance aussi faible que celles des montagnes du Forez.

2°. FAUNE LÉMANIENNE COMPARÉE A CELLES D'AUTRES TERRAINS A PEU PRÈS DU MÊME AGE.

Si maintenant, sortant de notre circonscription, nous faisons porter la comparaison sur les faunes fossiles qui ont le plus d'analogie avec celle qui fait l'objet de nos recherches, nous aurons à considérer une série de gisements plus ou moins rapprochés des nôtres, disposés autour du plateau central, de manière à permettre que leurs espèces eussent pu s'y étendre et même atteindre d'autres bassins plus éloignés (bassins géologiques de Paris et de Londres, bassin du Rhin, pour cette dernière catégorie; bassin inférieur de la Loire, bassin de l'Aquitaine, bassin du Rhône pour la première.)

§ 1er. Dans le bassin parisien la faune du calcaire grossier et des lignites qui lui sont inférieurs, comprenant des *Lophiodon*, *Coryphodon*, *Dichobunes*, *Paleonictis* et *Palæcyon*, qui sont les plus anciens mammifères *Monodelphes*, peut être éliminée tout de suite en raison de ses grandes différences et malgré la présence de quelques débris encore peu étudiés du genre *Ancodus*.

Mais il n'en est pas de même de celle du terrain gypseux qui comprend des *Palæotherium*, *Anoplotherium*, *Chæropotanus*, *Dichobunes*, *Xiphodon*, *Canis*, *Cinodictis*, *Isoptychodus*, *Pterodon*, *Hyænodon* et *Didelphis*. Quelques-uns de ces genres seulement se retrouvent dans la Haute-Loire, mais un seul, celui des *Palœotherium*, pourrait y présenter des espèces identiques, tandis que les autres sont complétement différentes et que celles de la tribu des anoplothériens sont tout à fait étrangères à notre région. D'un autre côté, on a pu voir dans notre énumération que la faune du Velay renfermait beaucoup d'autres espèces qui n'ont aucun représentant, même congénère, dans celle des gypses parisiens. Ces différences sont en rapport avec celles des âges des formations géologiques qui ne sont pas même consécutives dans la série, mais séparées par celle des sables et grès de Fontainebleau. A l'exception des *Didelphis* et *Canis*, cette faune ne renferme que des types étrangers à celle de notre époque, et son caractère principal réside dans la prédominance des ongulés.

En Angleterre, à Eaden-Hill, on a depuis peu recueilli dans un gisement supérieur à l'argile de Londres, quelques espèces pour la plupart analogues à celles de Paris, mais qui constituent un ensemble moins différent en apparence de celui du Velay. Ce sont des *Isoptychodus*, *Plagiolophus*, *Ancodus*, *Hyœnodon* et *Diplocynodus*. Cependant les espèces étant toutes différentes, l'analogie disparaît, ou pour mieux dire s'affaiblit considérablement et perd ainsi son importance.

§ 2. Les gisements de Péréal, près d'Apt et d'Alais, de même que celui d'Eaden-Hill avec lequel ils ont de grands rapports, sembleraient établir une liaison entre la faune des gypses parisiens et celle du Velay. Ici le facies général est tout à fait paleothérien, et si l'on consulte le Catalogue de cette faune que nous avons publié en collaboration avec M. Bravard, on sera étonné de ses ressemblances avec celui de la faune gypseuse : *Palæotherium, Anoplotherium, Chæropotame, Xiphodon, Dichobum, Pterodon* et *Hyænodon* s'y retrouvent. Cependant l'identité ne se poursuit pas jusqu'à l'examen des espèces dont beaucoup sont particulières. D'un autre côté, les *Ancodus*, les *Cynodon* et les autres genres que nous avons signalés à Eaden-Hill sont des formes que nous avons reconnues également dans le Velay où elles sont aussi représentées par des espèces particulières. Somme toute, l'analogie est moins grande entre cette faune mixte et celle du Velay, surtout en raison de l'absence des grands pachidermes (*Mastodon*, *Rhinoceros*) dans la première et de celle des *Anoplotherium*, *Chæropotanus* et *Xiphodon* dans la seconde; et elle tendrait à faire considérer celle-là comme syncronique de celle de Paris, si l'on devait complétement s'en rapporter au caractère poléontologique. Mais celui-ci se trouve en contradiction avec les observations géologiques de plusieurs savants d'une grande autorité qui ont classé les dépôts lacustres de la Provence dans le même étage que ceux du Velay et de la Limagne, et dans une période plus récente que celle des gypses parisiens. Cette opinion se trouverait corroborée par l'identité de plusieurs fossiles : *Lophiomerix*, *Lebias*, *Cephalotis*, *Flabellaria*, *Lemanoxis*, etc., qui, en Provence, se trouvent dans des couches immédiatement supérieures et parallèles en apparence à celles qui renferment les fossiles de Péréal. Il y aurait donc une anomalie plus considérable que celle signalée plus haut entre les deux bassins de notre circonscription ; mais nous aurons lieu d'examiner si un terme moyen à ces deux manières de voir ne serait pas plus conforme à la vérité.

§ 3. Il existe aux environs de Mayence un dépôt fossilifère dont les caractères géologiques ne nous sont pas suffisamment connus, mais qui paraît être antérieur aux molasses. Les mammifères recueillis par M. Kliptein, et que nous avons observés au muséum britannique, sont d'espèces identiques à celles du bassin de la Limagne et appartiennent au genre *Steneofiber*, *Lagodus*, *Amphicyon*, *Cœnotherium* et *Amphitragulus*. Nous ne doutons pas que des découvertes ultérieures n'augmentent encore ces ressemblances ; car nous en avons aperçu de moins certaines sur des débris trop incomplets pour être caractérisés. Il serait donc important de connaître les relations de ce gisement avec les autres terrains tertiaires et notamment les molasses du bassin du Rhin, car c'est le seul qui se montre entièrement identique à ceux de l'Allier.

§ 4. Dans la faune si remarquable reconstituée dans le Gers par les soins de M. Lartet, nous trouvons bien à la vérité un facies assez analogue à celui de la faune lémanienne par l'association des genres; mais les espèces sont toutes différentes. Les rongeurs les plus communs sont des *Sciurus, Myarion,* ou S. G. voisins, *Myoxus*, *Theridomys*, *Lagomys*. Parmi les insectivores nous remarquerons un talpoïde plus voisin des *Scolops*, les *Galerix*, analogues aux *Echinogales*. Les carnassiers sont représentés par des mustéliens, viverriens et amphicyon et par les plus anciens *Felis* du S. G. *Meganthereon*. Les ongulés périssodactyles sont des *Donotherium*, *Mastodon*, *Rhinoceros*, *Anchitherium*; les artiodactyles bien plus nombreux, des *Sus, Tapirotherium*, *Chalicotherium*, *Cervus*, *Hyœmoschus*, *Antilope*. Les reptiles batraciens y sont aussi très-fréquents. On sait que ce gisement a été rendu célèbre par la découverte d'un singe et d'un grand édenté, le *Macrotherium*. Les genres remarquables qui n'ont pas de représentants dans la Limagne sont les *Tapirotherium*, *Chalicotherium*, *Dicroceros*, *Hyœmoschus* et *Meganthereon*. Il est important de faire observer que cette faune appartient à deux couches dans lesquelles plusieurs espèces sont respectivement confinées; ce qui reproduit le fait observé dans le Velay entre les calcaires et les gypses, et ne constitue qu'un accident géologique de même valeur.

Il paraît que l'on doit rapprocher de ce gisement ceux du bassin inférieur de la Loire. On trouve dans les Faluns en espèces identiques, *Rhinoceros brachypus*, *Dinotherium intermedium*, *Mastodon angustidens*, *Mastodon tapiroïdes*, *Antilope clavata* et quelques autres. Le *Dinotherium cuvieri* s'y trouve aussi, de même qu'aux environs d'Orléans. Les calcaires de Montabuzard et les sables d'Avaray dans cette partie du bassin renferment aussi un grand *Amphicyon*, l'*Anchiterium*, des rhinocéros et un cerf voisin des dicrocères. Une seule espèce, *Antracotherium cuvieri*, se trouve aussi en Auvergne, et même il n'est pas bien sûr que ce soit exactement la même. Ce qu'il y a de plus singulier, c'est qu'il y ait si peu de rapports entre les fossiles de deux parties du même bassin géologique, pour ainsi dire, puisque les calcaires lémaniens paraissent le lier à ceux du plateau d'entre Seine et Loire par une série de petits dépôts intermédiaires. Cela nous fait douter un peu de l'identité de ces deux terrains, et il nous paraît probable que les calcaires de Montabuzard sont plus récents que l'ensemble de la formation calcaréo-siliceuse de la Beauce et qu'avec les sables d'Avaray, ils sont plus rapprochés de l'âge des Faluns; ce qui, détruisant cette anomalie, expliquerait aussi les analogies d'espèces fossiles offertes par ce dernier terrain.

Cette même faune se retrouve, mais incomplète, à Georgens-Gmund, en Bavière, d'après les descriptions de M. H. Von-Meyer et à La Chaux-de-Fond, en Suisse, où M. Nicolet en a recueilli plusieurs espèces; mais dans ces deux contrées les circonstances géologiques de ces gisements nous sont à peu près inconnues.

§ 5. Dans la vallée du Rhin, les molasses que l'on identifie aux Faluns sont recouvertes par des sables riches en ossements fossiles, qui ont été décrits par M. Kaup. Les rongeurs sont représentés par les *Chalicomys* voisins des *Steneofiber*; les carnassiers par des *Amphicyon*, des *Meganthereon* et de vrais *Felis;* les ongulés par des *Mastodon*, *Dinotherium*, *Rhinoceros*, *Hipparion* et tapir dans la famille des perissodactyles, et dans celle des artiodactyles par des *Sus*, *Antracotherium*, *Chalicotherium*, *Dorcatherium* et cerfs. Le *Macrotherium* y représente les ongulés comme à Sansan. Dans les genres qui se retrouvent dans la faune lémanienne on ne voit aucune espèce semblable, en sorte que l'analogie n'existe que dans le facies, comme pour la faune de Sansan. L'analogie de cette faune avec celle du Gers est au contraire un peu plus grande, surtout en raison de l'existence des *Chalicotherium* et *Macrotherium*; mais elle est loin encore d'être complète : le *Mastodon*, les *Rhinoceros*, sont d'espèces différentes; l'*Hipparion* est une apparition nouvelle, nous conduisant des *Anchiterium* et des *Plagiolophus*, encore plus anciens, au type actuel des chevaux. En outre on y remarque un plus grand nombre d'espèces moins différentes de celles de notre époque dans les genres *Felis* et cerf ; ce qui est un acheminement à la faune pliocène dont nous allons bientôt examiner les caractères.

L'*Hipparion* nous conduit à parler d'un autre gisement situé dans le département de Vaucluse et superposé de même aux molasses, dans lequel existent des cerfs, antilopes, *Sus*, et une curieuse espèce d'hyène qui pourrait bien ne pas être étrangère à Eppelsheim et revendiquer certains débris problématiques de cette dernière localité.

Au-dessus des molasses se trouve aussi placé le gisement d'Œningen, rendu célèbre par ses grandes salamandres qui sont l'*Homo diluvii testis* de Scheuchzer. Des *Lagomys*, un *Chelydra* , des *Raniformes* et même le *Galecynus* qui pourrait bien n'être qu'une petite espèce d'*Amphicyon*, ou plutôt un *Cynodon* sembleraient indiquer une analogie avec la Limagne ; mais les espèces sont encore particulières, et ce n'est pas du reste avec un si petit nombre de fossiles qu'une comparaison peut être tentée lorsque les terrains sont d'époque différente.

Nous venons de passer en revue une série de faunes fossiles plus riches les unes que les autres, et où nous avons signalé des différences importantes qui isolent pour ainsi dire celle de la région vélauno-lémanienne, avec son annexe des bords du Rhin, en sorte qu'elle peut être considérée comme typique; si nous considérons ces différentes faunes dans l'ordre où nous avons exposé leurs caractères, nous remarquerons qu'elles se lient par des transitions plus ou moins importantes, suivant que ce sont les espèces ou seulement les genres qui se continuent de l'une à l'autre. On devrait sans doute en conclure que cet ordre est celui de leur succession dans le temps, et qu'elles correspondent chacune à une période géologique distincte, si l'on considère principalement que les régions où on les a observées ne sont pas assez éloignées pour permettre de les considérer comme localisées et synchroniques.

Nous aurions donc la série suivante :

1°. Lignites et calcaires grossiers du bassin parisien;

2°. Gypses de Montmartre (Eaden-Hill);

3°. Lignites et calcaires de Péréal et d'Alais;

4°. Terrains lacustres du Velay, de l'Auvergne, de Mayence;

5°. Terrains lacustres de Sansan, Montabuzart, Faluns, etc.;

6°. Sablès d'Eppelsheim et argiles de Cucuron (Vaucluse).

Les observations géologiques concordent en partie avec l'établissement de cette série. Ainsi nul doute n'existe pour les deux premiers terrains qui appartiennent à la période éocène, et sont en superposition immédiate; mais il n'en est pas de même à l'égard des lignites de Vaucluse et des calcaires lémaniens qui sont contemporains pour beaucoup de géologues ; nous avons nous-même reconnu la grande analogie des fossiles de l'Auvergne et des calcaires de Provence qui recouvrent immédiatement les argiles dont semble faire partie la couche ossifère, disposition qui a la plus grande ressemblance avec celle que nous avons signalée dans la Limagne, à Vaumas, Bournoncle, etc. C'est également après la formation des accidents orographiques qui se rapportent au système des îles de Corse et Sardaigne, que se sont déposés ces deux terrains, et comme celui de l'Auvergne paraît appartenir au même terme de la série géologique que les sédiments calcaréo-siliceux de la Beauce, il semble difficile de trouver un terme correspondant immédiatement plus ancien pour les couches de Provence, si ce n'est le terrain de sables et grès de Fontainebleau qui est également postérieur au système de Corse et Sardaigne. La vallée du Calavon, dans laquelle se trouve le gîte de Péréal, offre plusieurs faits géologiques importants, au nombre desquels se trouve une discordance de stratification entre les calcaires lacustres et les molasses, qui pénétrant dans une dépression des premiers, s'appuient sur la tranche assez inclinée de leurs couches, et cela suivant une direction assez voisine de l'Ouest, qui ferait entrer les dislocations des calcaires dans le système de celles du Tatra. D'un autre côté, comme ce système a exercé une influence manifeste sur le bassin de la Limagne, et que celui-ci paraît avoir été dénivelé et converti en lac par les changements de niveau que ce système n'a pu manquer de produire le long de son axe qui, rapporté à une des lignes du réseau pentagonal, passe précisément près de l'extrémité septentrionale des dépôts lémaniens; on pourrait en conclure que les terrains de Péréal sont antérieurs à ceux de l'Auvergne, et représentent la faune immédiatement postérieure aux gypses, ce qui expliquerait le peu de différence que nous avons trouvé entre eux. Hâtons-nous cependant de le dire, ceci n'est presque qu'une hypothèse, car il se pourrait que la direction que nous avons reconnue à la ligne de séparation des molasses et des calcaires, et que nous n'avons pas suivie sur une grande longueur, ne fût qu'accidentelle, et même qu'elle ne fût que le résultat d'une dénudation indépendante d'un système de rides. En outre, cette manière de voir lèverait bien la difficulté relative aux couches ossifères; mais elle en créerait une autre pour les calcaires, supérieurs à ces couches, que l'on ne peut que difficilement séparer chronologiquement des calcaires lémaniens. Il serait utile de faire quelques recherches nouvelles pour la solution de cette question, et pour cela nous signalons surtout les environs d'Apt à l'attention des géologues.

Cependant il resterait encore à déterminer s'il n'y

aurait pas aussi une discordance de stratification entre les calcaires et les argiles ; ce qui ne nous paraîtrait pas impossible d'après les observations rapides que nous avons faites dans la contrée ; d'autant plus que les nombreux filons de gypse saccharoïde qui traversent ces argiles, semblent s'arrêter aux calcaires dans les eaux de suspensions, desquels ils ont sans doute déversé par intermittence le sulfate de chaux qui alterne avec eux sur une certaine épaisseur de la colline de Péréal. Ordinairement des phénomènes de ce genre signalent une certaine indépendance de formation, et si des recherches ultérieures nécessaires pour cela font établir cette indépendance, les argiles de cette région, au lieu de représenter celles de la Limagne, concorderaient avec ses Arkoses et seraient seules synchroniques du terrain de grès de Fontainebleau. Sous le rapport paléontologique, ce terme moyen serait plus conforme aux apparences, et la faune de Péréal serait intermédiaire à celles de Montmartre et de la Haute-Loire.

Il est moins difficile d'établir géologiquement la postériorité des terrains ossifères du Gers à ceux de la Limagne. Les études de M. Baulin dans l'Aquitaine, lui ont fait classer ces couches au-dessus des molasses marines, èt par conséquent au-dessus des Faluns qui leur sont synchroniques. Du reste, la présence dans ces Faluns de beaucoup d'espèces identiques, démontre également que la faune de cette époque est postérieure au dépôt des calcaires de Beauce synchroniques de ceux de la Limagne. Les sables d'Avaray et les calcaires de Montabuzard nous paraissent parallèles aux Faluns, et si l'on admet avec quelques géologues que les sables argileux de la Sologne n'en sont que le prolongement, on aura une preuve encore plus directe de ces relations d'âge, puisque la suite de ce terrain de Sologne vient jusqu'en Limagne recouvrir les calcaires. Mais à notre avis cette dernière preuve fait défaut, car le parallélisme de cette formation et des Faluns est plus que problématique. Elle constitue en effet une sorte de dépôt erratique qui s'est étendu au loin en remontant la vallée de la Loire et celle même de l'Allier jusqu'au fond de la Limagne. Ses matériaux n'ont pu descendre du plateau central, puisqu'ils renferment dans les vallées de celui-ci, non-seulement les fossiles silicifiés et les silex de la craie blanche, mais encore des coquilles fossiles enlevées à ces mêmes Faluns. Ce phénomène ne serait-il pas en rapport avec les accidents orographiques, produits suivant M. E. de Beaumont, par le système des Alpes occidentales dans le Perche et contrées voisines ? S'il en était ainsi, l'âge de ce terrain serait rapporté à la période pliocène, comme du reste il avait été déterminé dans le Bourbonnais par les auteurs de la carte de France. Ce terrain démantelé dans la partie de la Limagne qui a été le plus agité par les commotions volcaniques et balayé par de puissantes inondations, n'y a laissé que peu de traces ; mais il s'est conservé dans les parties plus éloignées du théâtre de ces phénomènes. Commençant dans le département du Puy-de-Dôme, il se développe dans le Bourbonnais, où il finit par recouvrir tous les dépôts lémaniens, et change complétement le régime agricole de cette contrée ; il passe même au delà de la Loire, et se reconnaît à ses fossiles remaniés dans le département de Saône-et-Loire, où il renferme des minerais de fer que l'on a commencé à exploiter.

Pour ne pas revenir ailleurs sur la faune du Gers, nous avons à ajouter que M. Baulin a classé dans la période pliocène le terrain fossilifère de Simorre et de Sansan, et que nous aurions à le comparer paléontologiquement avec celui qui fera le sujet du chapitre suivant ; mais cette détermination ne nous paraît pas admissible, et ne repose que sur une liaison apparente de ce terrain avec celui des Landes, tandis que la faune de cette contrée a un facies tout à fait miocène, et ne présente aucune analogie avec celle des terrains subapennins.

La même considération pourrait s'appliquer au terrain d'Eppelsheim, qui nous paraît plus récent encore que celui de Simorre, en raison des caractères de sa faune ; mais géologiquement il est bien difficile d'établir des preuves de cette postériorité, parce qu'il n'existe aucune relation géographique entre les divers membres de cette série, qui sont d'autant plus isolés et pour ainsi dire accidentels qu'ils sont plus récents. Tout ce que nous apprend le gisement analogue de Cucuron en Provence, c'est que, comme les molasses qu'il recouvre, il a été tourmenté par les soulèvements du système des grandes Alpes, et qu'il s'élève assez haut sur le flanc du Luberon.

Il paraît difficile d'admettre que des faunes contemporaines à d'aussi faibles distances, et séparées par des accidents orographiques d'une aussi faible intensité que ceux qui existent entre le plateau central de la France et la vallée du Rhin, puissent présenter des différences aussi importantes que celles que nous avons signalées entre cette dernière région et le Gers. Des accidents d'enfouissement peuvent bien rendre raison des différences offertes par les petites espèces; mais lorsque l'on trouve des espèces nettement différentes pour représenter des genres aussi importants que les *Mastodon* et les *Rhinoceros*, il nous semble qu'il y a là un phénomène d'un autre genre, et c'est en vertu de cette considération que nous proposons de séparer chronologiquement la faune d'Eppelsheim de celle de Sansan. Au contraire, si l'on a à comparer des faunes de contrées beaucoup plus distantes, c'est dans les analogies génériques que nous chercherons les éléments de cette comparaison. En appliquant cette vue à la faune si remarquable des collines Sous-Hymalayennes, reconstituée par les recherches de plusieurs naturalistes, mais surtout de MM. Cautley et Falconer, nous en conclurons qu'elle est à peu près synchronique de l'une de celles qui en France sont postérieures aux molasses (Gers ou Rhin), et plus récentes que celle de l'Auvergne. *Meganthereon, Felis,* hyènes, *Dinotherium, Mastodon, Rhinoceros, Hipparion, Chalicotherium, Ancodus, Sivatherium, Camelus,* cerfs, antilope, *Cholossochelys,* gavials gigantesques, et même des singes, sont les types les plus importants de cette faune; il est inutile d'ajouter que pour les genres communs aux gisements comparables de l'Europe, il y a des différences spécifiques. Il est néanmoins très-curieux de retrouver, au centre de l'Inde à d'aussi grandes distances, tant d'analogies avec nos gisements européens.

FAUNE PLIOCÈNE.

Nous avons maintenant à considérer une autre réunion d'espèces moins nombreuse, il est vrai, que celle qui vient de nous occuper, mais tout aussi importante par les caractères zoologiques des animaux qui la constituent. Quoique évidemment incomplète par l'absence des petites espèces plus difficiles à observer et à recueillir dans un terrain de nature alluviale et même celle de grands animaux qui peuvent bien tous ne pas avoir laissé de leurs dépouilles dans le seul gisement peu étendu de cette époque que nous connaissions, cette faune peut encore être considérée comme typique pour la période à laquelle elle appartient.

Nous avons dit ci-dessus que le terrain subapennin avait pour représentant synchronique en Auvergne, un grand dépôt sableux, caillouteux ou argileux, suite de celui de la Sologne. C'est dans ce terrain qu'ont été recueillis, ou à lui qu'on doit rapporter plusieurs fossiles, mollusques et échinodermes marins, sur lesquels M. Lecoq a le premier fixé l'attention des géologues. Ce terrain de transport, non descendu du plateau central, mais ayant balayé la surface des terrains crétacés, a été refoulé dans la vallée de l'Allier. L'absence de roches trachytiques dans les parties intactes de ce dépôt les plus rapprochées de la région volcanique, indique que les trachytes n'avaient pas encore paru ou du moins n'avaient pas été démantelés. Cependant ces roches éruptives se lient au grand phénomène de dislocation qui sépare la période miocène de la pliocène, et elles doivent être à peu près contemporaines de cette grande éruption.

Or, c'est dans les débris de ces roches trachytiques, entraînés au fond de la vallée, que les fossiles sont contenus. Les basaltes mêmes, qui sont postérieures aux trachytes, avaient commencé leurs éruptions et plusieurs de leurs nappes les plus anciennes s'étaient épanchées lorsque les ossements fossiles ont été enfouis. Il ne paraît pas cependant que ces grandes déchirures à travers les granites qui se lient aux dislocations du système des grandes Alpes eussent été ouvertes à cette époque. La faune de ce terrain se rapporterait donc aux temps les plus récents de la période pliocène. Son gisement unique connu est à la montagne de Perrier près d'Issoire, et encore faut-il en séparer plusieurs petits dépôts qui sont évidemment moins anciens, ainsi que nous le redirons ailleurs. Dans le Velay, on lui a rapporté quelques dépôts ossifères, dont l'analogie nous paraît douteuse ; car leurs rapports nous paraissent plus évidents avec les plus anciens de la période suivante. Il faut en excepter le gîte de Vialette au moins.

Nous avons fait remarquer dans la série des faunes miocènes, que chacune d'elles a plus d'analogie avec celles qui l'ont précédée et suivie immédiatement, et que cette graduation était en quelque sorte une confirmation de notre classification. La même chose s'observe ici, et par la faune d'Eppelsheim nous arrivons à celle qui fait le sujet de ce chapitre, non pas qu'il y ait des espèces identiques communes, mais bien une grande analogie dans leur composition générale considérée dans les types génériques, et en outre une liaison par modification graduelle de certaines organisations. Ainsi, pour n'en citer qu'un exemple, le *Mastodon* de la vallée du Rhin est intermédiaire à ceux du Gers et de Perrier, ayant de l'un la forme si singulière de la mandibule prolongée en un long bec armé d'incisives, et de l'autre la forme des molaires qui est également particulière.

Le caractère le plus essentiel de cette faune réside dans la grande abondance des espèces de cerfs et même de leurs individus, dont nous ne retrouvons l'exemple nulle part de nos jours, si ce n'est dans l'association au midi de l'Afrique de nombreuses espèces d'antilopes. Ces cerfs appartiennent à plusieurs sections, *Elaphe*, *Rusa* ou *Hippolaphe*, *Capreolus* et *Polycladus*, celle-ci n'ayant aucun représentant actuel. Après eux les *Felis* dominent, et ce sont de grandes espèces; un de leurs sous-genres, le *Megantheréon*, est avec le *Mastodon* la seule forme éteinte de cette faune.

Les Rongeurs sont de genres européens; castor, campagnol, porc-épic et lièvre; les Carnassiers sont des ours, loutres, zorilles, *Meganthereon*, *Felis*, hyènes et *Canis*, tous parfaitement distincts de leurs congénères actuels. Les ongulés comprennent des *Mastodon*, rhinocéros, tapir, *Sus*, cerf, antilope et bœuf. Nous n'y avons observé aucune trace de reptiles chéloniens ou crocodiliens, qui ne manquent presque à aucun dépôt miocène. Les éléphants, *Hippopotamus major*, et chevaux lui sont aussi étrangers, et nous devons observer qu'il en est de même dans les sables marins de Montpellier, ainsi que nous l'avions présumé d'après nos observations en Auvergne, et que l'a reconnu M. Gervais dans ses recherches sur ce gisement.

Dans la Haute-Loire, le seul gîte de Vialette est certainement contemporain, et renferme les *Mastodon arvernensis* et *Borsoni*, et une hyène considérée comme différente par M. Aymard. Pour les autres les renseignements nous manquent.

Le terrain subapennin, qui est typique pour cette époque, n'a pas fourni beaucoup d'ossements fossiles de mammifères terrestres. Les *Mastodon arvernensis* et *Borsoni*, un *Tapir* et un rhinocéros d'espèces interminées sont tout ce que j'en connaisse, mais suffisent pour caractériser leur faune qui devait avoir avec celle de Perrier une grande analogie.

Ce même *Mastodon* arvernien existe avec un rhinocéros imparfaitement connu, mais très-voisin de l'*Elatus*, et un *Sus* peut-être l'*arvernensis*, dans le crag supérieur d'Angleterre qui appartient à la même période pliocène.

Il existe aussi dans le dépôt contemporain de la Bresse ; mais les remaniements locaux de ce terrain, qui renferment des éléphants et rennes, sont d'une date plus récente, et ne doivent pas être confondus avec lui.

Les sables marins de Montpellier qui appartiennent à la même période, sont un peu moins pauvres que les gîtes précédents. Le *Mastodon* arvernien, qui est l'*Angustidens* de Nesti, le *Brevirostris* de Gervais est l'espèce la plus caractéristique de sa faune, un tapir qui est un peu différent de celui de Perrier, un rhinocéros nommé *Megarhinus*, mais qui n'est peut-être que l'*Elatus* de l'Auvergne, des cerfs voisins des petits chevreuils de Perrier, un *Felis*, un ours, un rongeur du genre éteint du groupe des *Steneofiber*, et un lièvre particulier sont les mammifères terrestres de cette faune très-semblable mais non identique à celle de nos alluvions ponceuses; si toutefois on peut tirer cette conclusion de la comparaison d'un aussi petit nombre d'espèces appartenant du reste à deux bassins bien distincts, s'ouvrant l'un vers le Nord, l'autre vers le Midi, quoique peu distants entre eux.

Le dernier gisement comparable est celui du Val-d'Arno, qui à notre avis présente une confusion de deux faunes distinctes, qui résulte ou de remaniements du dépôt ancien, ou de la composition analogue de deux terrains superposés et adossés, que leurs caractères géologiques ont fait confondre avec les faunes dont ils renferment les débris. Ainsi nous exclurons d'abord l'éléphant, le vrai rhinocéros *Leptorhinus*, l'hippopotame, le *Canis spelæus* et un cerf au moins qui appartiennnent au terrain le plus récent. Il restera quelques espèces très-caractéristiques qui nous font regretter d'avoir aussi peu de renseignements positifs sur les fossiles de cette contrée;

Mastodon arvernensis, Felis meganthereon, Hyæna arvernensis, H. perrierii, Hystrix, Ursus, Tapir et rhinocéros, ces quatre derniers d'espèces incertaines.

On voit que le *Mastodon* arvernien est l'espèce la plus répandue de cette faune, et constitue le lien qui en réunit pour ainsi dire les lambeaux si épars. Nulle part nous n'observons de représentants des autres genres éteints qui caractérisent si bien la période miocène, *Dinotherium, Anchitherium, Chalicotherium,* etc. Ceux qui restent se sont encore maintenus dans une période plus récente, si ce n'est peut-être pour les *Halitherium mammiferis* marins qui existent dans toute la série des terrains marins miocène et pliocène. Ainsi les *Mastodon*, quoique éteints en Europe dans la période suivante, avaient cependant encore des représentants en Amérique et même en Australie, et les espèces les plus remarquables des *Meganthereon* se trouvent dans les terrains diluviens en Europe et en Sud Amérique. La période pliocène considérée comme zoologique paraît avoir commencé un autre ordre de faits biologiques, et à notre avis elle se lie d'une manière plus intime à la période diluvienne qu'à la miocène. Un fait qui mérite en outre d'être constaté, c'est que dans le genre rhinocéros, les espèces miocènes se rapportent au type asiatique, tandis que celles des époques postérieures appartiennent au type africain.

Nota. Nous avons en différents mémoires considéré comme appartenant au terrain pliocène, la formation de schistes bitumineux de Menat, dont nous avons inscrit les poissons dans notre Catalogue. Ce dépôt complétement isolé au milieu des terrains anciens est difficile à classer, d'autant plus que nous ne connaissons aucun mammifère fossile qui y ait été recueilli. Des insectes, mal conservés du reste, ne peuvent être d'un grand secours sous ce rapport. Les végétaux, au contraire, nous ont semblé conserver un facies miocène, *Flabellaria*, *Daphogene*, etc., et offrir des formes très-voisines de celles que M. Unger a signalées dans les terrains tertiaires moyens de Hongrie qui appartiennent aux plus récentes des formations de cette série. *Œningen* plus près de nous pourrait en être l'équivalent, et les poissons de Menat seraient ainsi antérieurs à la période pliocène. Toutefois c'est encore une question à résoudre.

FAUNE ALLUVIALE.

Plus nous nous rapprochons de la période actuelle et plus nous observons dans l'ensemble des animaux qui vivaient alors de ressemblance avec la faune de nos jours. Nous avons déjà remarqué le petit nombre de types génériques éteints de la période pliocène; mais en même temps nous avons trouvé des formes spécifiques remarquables pour la plupart; tandis que postérieurement, non-seulement presque toutes les espèces sont de genres connus, mais encore beaucoup d'entr'elles sont bien peu différentes de celles de notre époque. En Europe le caractère de la faune alluviale ou diluvienne, comme on l'appelle encore, réside dans la présence de plusieurs espèces éteintes appartenant à des genres qui lui sont actuellement étrangers ; tels sont, hyènes, éléphants, rhinocéros et hippopotames, et l'on pourrait même ajouter grands *Felis*.

En Auvergne, cette période zoologique a commencé vers le milieu de celle des éruptions basaltiques, pour se prolonger jusqu'au delà au moins de l'apparition des plus anciens volcans à cratère. C'est encore à cette même montagne de Perrier, si célèbre par sa faune pliocène, qu'ont été recueillies les plus anciennes espèces de cette période. Elles gisent au-dessus des conglomérats ponceux, et peut-être même dans les sables qui alternent avec ceux-ci dans la partie supérieure, tandis que les fossiles pliocènes sont renfermés dans les alluvions qui sont inférieures à ces mêmes conglomérats. Cette disposition pourrait faire présumer que ces épanchements de boues ponceuses, qui ont entraîné jusqu'au fond de la vallée de l'Allier, et à une grande distance du Mont-Dore, des blocs énormes de trachytes, et signalent une grande dislocation de ce massif volcanique, aient correspondu à la révolution du globe qui a marqué la fin de la période pliocène, et modifié considérablement le relief d'une grande partie de l'Europe.

Nous avions déjà remarqué que les espèces de ces gisements anciens étaient pour la plupart différentes de celles qui s'observent dans une foule d'autres dépôts ossifères plus modernes. Nous avons retrouvé les mêmes différences en Angleterre sur les pièces conservées au Museum britannique, d'après les renseignements géologiques généreusement communiqués par M. Waterhouse, et nous avons acquis la conviction que cette distinction fournissait l'explication rationnelle des différences offertes dans le Velay par une série de gisements d'âge ambigu. Les espèces particulières à cette division sont : *Erinaceus major, Ursus spelæus* (*Neschersensis,* Croiz.) *Hyæna brevirostris, Canis neschersensis, Elephas meridionalis, Rhinoceros leptorhinus, Tapirus...? Equus robustus, Hippopotamus major, Cervus ambiguus, C. macroglochis, Capra rozeti, Bos priscus.* Malbatu, les Peyrolles, Tormeil, le Bas-Saint-Yvoine, l'éboulement de Pardines, le plateau d'Amiat et quelques tufs basaltiques sont les gisements de ces espèces. Dans la Haute-Loire ceux où l'on a observé des hippopotames, tapirs, *Hyæna brevirostris, Rhinoceros aymardi,* voisins du *Leptorhinus*, et peut-être aussi le *MegantHereon latidens,* se rapportent sans doute à la même époque, tandis que beaucoup d'autres rentrent dans la série suivante. Nous regrettons beaucoup d'être privé des renseignements nécessaires pour faire cette classification, d'autant plus que nous sommes persuadé que cette région renferme tous les éléments du problème à résoudre ; à savoir si l'on doit réellement considérer comme une époque distincte, celle où ont vécu ces animaux fossiles? Quelles sont ses limites, et quelles conclusions on peut en tirer pour la comparaison des terrains volcaniques du Velay avec ceux de l'Auvergne. Nous signalerons ces faits très-importants à l'attention des géologues qui habitent ce pays. Nous répétons que cette même différence se retrouve en Angleterre, et nous ajouterons que dans l'Arno il paraît que les mammifères fossiles non pliocènes appartiennent à cette division ancienne de la faune pleistocène, ainsi que le nomment les auteurs anglais. Les espèces comparables qui peuvent le mieux caractériser cette faune sont: *Rhinoceros leptorhinus* et *Elephas meridionalis*. D'autres, telles que *Hippopotamus major*, lui sont peut-être communes et à la suivante; mais nous ne pouvons actuellement rien assurer à cet égard, éloigné que nous sommes de la plupart de nos notes, et privé de documents que nous aurions besoin de recueillir sur les lieux mêmes.

Après cette élimination il reste encore bon nombre d'espèces dont les gisements principaux sont dans la vallée de l'Allier, les alluvions du fond des vallées peu élevées au-dessus du niveau des grandes eaux actuelles, les éboulis du flanc des collines qui forment des croupes ou des plate-formes à leur base, les fentes des travertins et des laves anciennes, quelquefois les scories mêmes de ces laves, et enfin des grottes et des cavernes. Chacun de ces gîtes ne renferme pas un grand nombre d'espèces, quelques-uns même sont dépourvus des grandes espèces et d'autres des petites, ce qui avait fait supposer des différences d'âge entre plusieurs d'entr'eux, et croire à l'existence de beaucoup de faunes locales distinctes, tandis que ces différences ne tiennent qu'aux accidents d'enfouissement et d'accumulation. Cette faune assez riche en espèces, peut donner lieu aux remarques suivantes.

Les genres actuels du centre de la France qui y sont représentés, sont parmi les insectivores des taupes et musaraignes, parmi les rongeurs des loirs, campagnols, rats et lièvres, les campagnols étant au moins aussi variés qu'à notre époque; parmi les carnassiers des blaireaux, martes, putois, grands *Felis* et chien ; parmi les ongulés, des cochon, cerfs, mouton, bouc, bœufs et l'on pourrait ajouter cheval ; enfin, parmi les reptiles, des lézard, couleuvres et grenouille. Quelques-unes de ces espèces sont nettement distinctes de leurs congénères actuels ; mais d'autres sont plus difficiles à caractériser, peut-être parce qu'elles sont plus imparfaitement connues, ou qu'elles appartiennent à des types dont le critérium spécifique est peu empreint sur les parties osseuses, ainsi que cela se voit chez les cerfs, chevaux, lièvres, etc.

Les espèces de genres étrangers sont *Spermophile*, *Arctomys*, *Lemmus*, *Cricetus*, *Lagomys*, parmi les rongeurs, *Ursus*, *Hyæna*, parmi les carnassiers, *Elephas primigenius* et *priscus*, *Rhinoceros*, *Thicorhinus*, *Antilope* parmi les ongulés ; mais il est encore à remarquer que plusieurs de ces genres sont européens, tels que spermophile, lemming, et qu'il en est qui ont des représentants presqu'en France, tels que marmotte, hamster, ours et antilope. Les espèces qui caractérisent le mieux cette faune comparée à la précédente sont *Elephas primigenius*, *Rhinoceros*, *Thicorhinus*, *Hyæna spelœa*, *Cervus guettardi* aussi bien par leur existence dans la plupart des gîtes que par leurs caractères zoologiques tranchés.

Il est très-curieux d'observer qu'avec les éléphants, rhinocéros, hyènes, grands *Felis*, qui rappellent involontairement un climat plus chaud que celui de notre pays, se trouvent en même temps des spermophiles, marmottes, lagomys, lemming renne et même ours, qui pour la plupart habitent des climats hyperboréens ou alpins. La découverte récente d'un vrai lemming dans les brèches de Coudes, donne à ce fait sur lequel nous avons souvent insisté, une importance plus grande encore; car l'habitat de ce genre est plus exclusivement arctique que celui des autres espèces antérieurement connues. Ces faits, du reste, ne sont pas particuliers à l'Auvergne, ils se reproduisent presque sur toute la surface de l'Europe même méridionale, et attestent des conditions biologiques toutes spéciales. Il nous semble que de ces deux séries opposées, celle qui doit être considérée comme plus importante relativement aux indications de climat à cette époque, est certainement la seconde, parce que ses espèces sont plus semblables à leurs congénères actuels que celles de la première. Nous savons en effet, pour quelques-unes au moins, que celles-ci avaient dans leurs téguments des modifications à leur facies générique, qui avaient dû leur permettre de supporter des températures plus basses. On a même reconnu dans les anfractuosités des molaires des herbivores, que les conifères entraient pour une partie au moins dans leur alimentation; ce qui lèverait une des difficultés de concevoir l'existence de ces grands herbivores dans des climats froids, surtout pendant de longues saisons hibernales. La conséquence de ceci est que la surface de la terre dans les parties habitées par ces espèces avait une température inférieure à celle dont elle jouit actuellement: ce qui ne veut pas dire cependant que la température générale s'était abaissée également sur toute la surface du globe.

Il est extrêmement remarquable que cette faune se retrouve presque identiquement la même sur toute la surface de l'Europe dans tous les terrains superficiels, attérissements, alluvions, cavernes et brèches osseuses. La France méditerranéenne, l'Espagne, l'Italie, la France centrale et du Nord, l'Angleterre, la Belgique, le Danemarck, l'Allemagne et jusqu'à la Russie nous en fournissent de nombreux exemples. Il y a plus, on est étonné de la grande extension géographique de plusieurs des espèces les plus importantes qui ont vécu sur les terres asiatiques septentrionales, jusqu'au Kamschatka et même au-delà dans l'Amérique russe, où leurs dépouilles sont assez fréquentes. Il n'est même pas sûr que quelques-unes n'aient vécu en deçà des Rocheuses en compagnie des *Mastodon* gigantesques et des *Megalonyx;* car il est par exemple très-difficile de distinguer des molaires d'éléphants des États-Unis de celles de l'*E. primigenius*. En Asie, ce sont surtout les éléphants, rhinocéros, thicorhinus qui se trouvent dans les alluvions de tous les fleuves qui courent à l'Océan glacial, et même jusque dans les glaces qui recouvrent les terres les plus septentrionales où existent encore leur chair, leurs téguments et leur fourrure. Il est probable que les grandes espèces ont seules fixé l'attention des observateurs dans ces régions; mais l'Altaï renferme des cavernes explorées dont la faune est semblable à celle des cavernes de l'Europe, avec cette différence qu'elle admet des espèces plus rapprochées de celles existantes dans les mêmes lieux, surtout dans les genres marte, hamster, marmotte et même le genre *Chtonœrgus*. Une des espèces les plus caractéristiques de cette faune, *Hyena spelœa,* s'y trouve associée au *Bos primigenius*. La faune sibérienne actuelle a bien de l'analogie avec celle de l'Europe; mais les ressemblances étaient bien plus grandes alors, quoique l'Asie fût plus séparée qu'elle ne l'est de nos jours de ce qu'on pourrait presque appeler le continent européen, ainsi que le démontrent les dépôts très-récents du bassin arolo-caspien et ceux qui se sont déposés avec des ossements d'éléphant et de rhinocéros, et même des coquilles marines dans le grand bassin actuel de l'Obi.

Il est évident que depuis l'existence de cette faune de vastes régions ont été émergées dans le nord de l'ancien et du nouveau continent, dont les limites septentrionales étaient sans doute plus éloignées du pôle que maintenant, et dont une partie des vallées ouvertes vers le nord étaient plongées dans les eaux de la Mer-Glaciale. S'il est vrai que la moindre étendue des terres dans les régions polaires soient en rapport avec un abaissement de température ainsi que semble l'indiquer l'hémisphère austral, on pourrait y voir une explication du phénomène que nous avons signalé plus haut en Europe, de l'extension vers le midi de types aujourd'hui hyperboréens.

On n'a que des renseignements vagues sur la faune diluvienne des autres régions de l'ancien continent; mais dans le nouveau c'est pour ainsi dire la seule faune de mammifères qui s'y montre, et elle y revêt des caractères tout à fait spéciaux. En Europe nous n'avons eu à signaler aucun genre éteint dans cette faune, quoique nous eussions dû y comprendre le

Trogontherium de Russie (de Belgique et d'Angleterre), étranger à notre circonscription, et peut-être l'*Elasmotherium.* Dans l'Amérique du Nord nous retrouvons plusieurs genres éteints, le *Castoroïdes*, le *Megalonyx*, le *Mylodon* et l'une des espèces les plus récentes du genre *Mastodon*. Des ours, des chevaux, des bœufs, des cerfs accompagnent ces espèces qui sont encore en petit nombre.

Dans l'Amérique du Sud la faune diluvienne ressemble beaucoup à celle de notre époque, de la même région, par ses caractères généraux, puisqu'elle renferme beaucoup d'espèces très-voisines de leurs congénères actuels ; mais dans l'ordre des édentés il y a eu des pertes nombreuses et tous les genres de grande taille ont été détruits, en sorte que les Tatous sont actuellement les plus grands qui existent. Les *Mastodon*, les chevaux, les *Megantheréon* leur sont associés dans les cavernes du Brésil, comme sur le plateau colombien et dans les alluvions de la Plata.

L'Australie présente un phénomène du même genre. On sait que tous ses mammifères vivants sont des marsupiaux à l'exception de quelques rongeurs des genres *Mus* et *Hydromys* ; tous ses mammifères fossiles aussi sont des marsupiaux, à l'exception du genre *Mastodon* qui se trouve ainsi avoir eu des représentants contemporains et successifs dans toutes les parties du monde, l'Afrique même comprise au témoignage de M. Gervais. Parmi ces marsupiaux fossiles, plusieurs et de grande taille constituent des genres particuliers aujourd'hui éteints.

Ces grandes faunes régionales que nous venons de considérer sont assez peu comparables entr'elles ; mais considérées dans leurs rapports avec celles qui leur ont succédé dans les mêmes contrées, elles offrent des ressemblances de même nature, mais à des degrés divers; car en Europe et dans l'Asie du Nord les différences sont beaucoup moins considérables. On pourrait dès-lors se demander si elles sont contemporaines. Pour l'Australie nous ne trouverons aucun document géologique qui nous aide à résoudre cette question ; mais pour l'Amérique nous ferons observer que la liaison qui existe entre la faune européo-asiatique et la nord américaine est plus qu'un indice de contemporanéité, et comme plusieurs types importants de cette dernière région, les *Megalonyx* entr'autres, s'étendent jusque dans la région australe de ce continent et s'y associent aux autres espèces fossiles, on peut déjà présumer que toutes les faunes ont vécu à peu près à la même période.

Revenons maintenant à la partie ancienne de cette faune en Auvergne et recherchons s'il n'y aurait pas lieu de la distinguer plus complétement en limitant sa période d'existence par une révolution de la surface du globe. Nous avons déjà remarqué qu'elle commençait dans des terrains d'origine violente, formés après des dislocations et des arrachements de portions de montagnes qui ne sont autres probablement que l'ouverture de ces vallées qui déchirent le Mont-Dore. Elle existe aussi dans un terrain de même nature, mais un peu plus récent, quoique de même période, et qui doit sa formation à des causes moins intenses (Anciat). Au-delà nous perdons sa trace, et dans les localités peu nombreuses du reste de l'Europe où nous l'observons, rien ne vient nous aider à déterminer sa limite récente. Mais en considérant l'ensemble de la période alluviale, si nous avons pu dire que sa faune commençait en Auvergne au milieu de la période basaltique pour se prolonger jusqu'au-delà de l'apparition des plus anciens volcans modernes, nous ne pouvons plus rester dans cette généralisation, et il convient d'observer que rien ne prouve encore que la faune postérieure remonte à une époque plus ancienne que celle de l'explosion de nos volcans à cratère. L'isolement de ses gîtes principaux, éboulis, attérissements et cavernes, nous prive de renseignements stratigraphiques; mais il est à remarquer que la conservation de la plupart de ces dépôts superficiels et incohérents assure leur peu d'ancienneté relative; tandis que d'un autre côté il est certain que les laves se sont épanchées avant la destruction de cet ensemble zoologique. D'après cela il est probable que ces deux faunes ont été séparées dans le temps par le grand phénomène de dislocation dont font partie la série des volcans à cratère de l'Auvergne, dislocation qui sans avoir élevé de grands massifs montagneux dans l'Europe occidentale, n'en ont pas moins eu une grande intensité, et ont jalonné leur cours par une grande quantité de bouches volcaniques la plupart éteintes, mais dont quelques-unes ont encore conservé une certaine activité. Si nos considérations ne sont pas erronées, le système du Ténare serait donc antérieur à la dernière période zoologique qui a précédé la nôtre.

Le grand dépôt erratique qui a couvert une partie des plaines de la Russie d'Europe est supérieur à des accidents fluviatiles dans lesquels on a découvert des fossiles de cette dernière faune, à laquelle il se trouve ainsi postérieur ; et dans la Russie asiatique l'émersion des terrains à éléphant et rhinocéros doit être a peu près du même âge, on pourrait même dire sûrement du même âge; car les phénomènes auxquels se rapportent ces faits ont eu une intensité telle et tant d'analogie dans leur mode d'action qu'il n'est pas nécessaire de les distinguer et qu'il serait même futile de les multiplier comme à plaisir. Ces phénomènes seraient donc en Europe les traces de la dernière révolution de la surface du globe, et ici nous devons nous arrêter parce qu'il appartient à d'autres de rechercher avec quel système de dislocation est en rapport cette dénivellation remarquable des parties polaires de l'hémisphère boréal, déjà signalée par M. E. de Beaumont. Sa concomitance avec le soulèvement des ondes, quoique possible, ne serait actuellement qu'une pure hypothèse de notre part. Ce qu'il y a de démontré pour nous, c'est que cette révolution a clos la période zoologique de l'*Elephas primigenius*.

Si l'homme a été témoin une fois de ces grandes perturbations périodiques de la surface du globe, nous pensons que c'est de cette dernière, parce que les traces de son existence avant cette époque et dans les terrains de formation immédiatement antérieure, quoique souvent équivoques, deviennent tous les jours plus nombreuses. Nous en avons nous-même constaté en Auvergne par des débris de l'industrie la plus grossière. Les ossements humains de la Denise qu'une fraude nous avait rendus suspects, mais dont l'authenticité a été reconnue depuis par nous, seraient encore plus anciens d'après M. Aymard, et contemporains de la faune antérieure ; mais leur âge nous paraît difficile à déterminer en raison de leur isolement, et leur disposition même nous ferait plutôt penser qu'ils se trouvent dans un remaniement de scories contemporaines au plus de nos attérissements à ossements de renne et d'*Elephas primigenius* ; ce qui alors concorderait avec nos observations en Auvergne.

M. de Beaumont avait d'abord assigné le mode de succession suivante aux trois systèmes récents de dislocation : Alpes, Tenare, Andes. Nos observations géologiques confirmeraient cette classification ; mais sous un point de vue différent, il a considéré ces trois systèmes comme probablement contemporains, en distinguant toutefois du plus ancien l'axe volcanique méditerranéen qui dans le cas contraire ne serait que le résultat de l'ébranlement d'une dislocation antérieure, aussi bien que pour les parties encore actives de la bande du Ténare.

L'Auvergne est donc une région privilégiée, où se trouve écrite en grands caractères l'histoire des derniers temps géologiques de notre planète. A côté des manifestations gigantesques des grands phénomènes de la matière, nous y trouvons des exemples nombreux des lois qui ont régi le développement successif des organismes, et nous pouvons y suivre dans plusieurs périodes consécutives les modifications survenues dans les plus récentes associations des types organiques.

FIN.

Clermont, impr. de Thibaud-Landriot frères.

www.ingramcontent.com/pod-product-compliance
Ingram Content Group UK Ltd.
Pitfield, Milton Keynes, MK11 3LW, UK
UKHW022102260726
13993UKWH00001B/272